基于混沌的数据安全与应用

Data Security and Application based on Chaos

李锦青 底晓强 祁晖 何巍 毕琳 著

国防工业出版社
·北京·

内容简介

本书以当今信息安全需求为着眼点,利用混沌理论,结合当前的研究热点,从加密解密、身份认证、安全防护技术以及保密通信方法入手,以混沌细胞神经网络和量子细胞神经网络超混沌系统为基础,对混沌同步控制方法、混沌图像加密技术进行深入研究,理论结合实际,深入分析了混沌在数据加密及网络安全通信中的应用。本书可作为从事混沌技术、数据加密和网络安全研究的师生和科研人员参考用书。

图书在版编目(CIP)数据

基于混沌的数据安全与应用/李锦青等著. —北京:国防工业出版社,2017. 12
  ISBN 978-7-118-11537-6

Ⅰ. ①基… Ⅱ. ①李… Ⅲ. ①计算机网络–安全技术 Ⅳ. ①TP393. 08

中国版本图书馆 CIP 数据核字(2018)第 016213 号

※

国防工业出版社出版发行

(北京市海淀区紫竹院南路 23 号 邮政编码 100048)
天津嘉恒印务有限公司印刷
新华书店经售

*

开本 710×1000 1/16 印张 6¼ 字数 109 千字
2017 年 12 月第 1 版第 1 次印刷 印数 1—2000 册 定价 60.00 元

(本书如有印装错误,我社负责调换)

国防书店:(010)88540777   发行邮购:(010)88540776
发行传真:(010)88540755   发行业务:(010)88540717

前　言

随着互联网技术的快速发展和信息化程度的不断提高,其越来越广泛的应用,深刻影响着政治、经济、文化等各个方面。然而,人们在享受计算机和网络带来便利的同时,也承担着巨大的风险,危害信息安全的事件不断发生。

美国麻省理工学院教授、混沌学开创人之一 E. N. 洛伦兹(Lorenz)1963 年发表一篇名为《决定论的非周期流》[1] 的论文,提出了著名的 Lorenz 方程。Lorenz 经过研究发现,当这个方程组的参数取某些值的时候,轨线运动会变的复杂和不确定,具有对初始条件的敏感依赖性,也就是初始条件最微小的差异都会导致轨线行为的无法预测,提出"混沌理论"的概念。1972 年 12 月 29 日,洛伦兹在美国科学发展学会第 139 次会议上发表了题为《蝴蝶效应》的论文,提出一个貌似荒谬的论断:在巴西一只蝴蝶翅膀的拍打能在美国得克萨斯州产生一个龙卷风,并由此提出了天气的不可准确预报性。时至今日,这一论断仍为人们津津乐道,更重要的是,它激发了人们对混沌学的浓厚兴趣。今天,伴随着计算机等技术的飞速进步,混沌学已发展成为一门影响深远、发展迅速的前沿科学。

混沌不是偶然的、个别的事件,而是普遍存在于宇宙间各种各样的宏观及微观系统的,万事万物,莫不混沌。混沌也不是独立存在的科学,它与其它各门科学互相促进、互相依靠,由此派生出许多交叉学科,如混沌气象学、混沌经济学、混沌数学等。混沌学不仅极具研究价值,而且有现实应用价值,能直接或间接创造财富。这使得混沌控制问题引起了国际上非线性动力系统和工程控制专家的极大关注,成为非线性科学研究的热点之一。混沌的发现和混沌学的建立,同相对论和量子论一样,是对牛顿确定性经典理论的重大突破,为人类观察物质世界打开了一个新的窗口。所以,许多科学家认为,20 世纪物理学永放光芒的三件事是相对论、量子论和混沌学的创立。

混沌系统所具有的对参数和初值非常敏感的基本特性和密码学的天然关系在 Shannon 1949 年发表的经典论文《Communication Theory of Secrecy Systems》中就有提到。

本书共分六章。

"第一章、绪论"。简要介绍了本书研究背景和意义,以及混沌与混沌图像加密的基本概念。

"第二章、混沌神经网络图像加密算法研究"。阐述了当前图像加密算法的常见机制;对混沌和神经网络的特性进行总结,分析了以细胞神经网络作为模型设计图像加密方法的主要优点;给出了两种基于复合混沌映射和 6 阶细胞神经网络以及 Hopfield 混沌神经网络的彩色图像加密解密算法;最后分别对这两种加密算法的安全性能进行了详细的仿真实验和数值分析,对算法的安全性、可靠性进行了证明。

"第三章、量子细胞神经网络混沌同步控制方法的研究"。对于量子细胞神经网络的混沌特性进行分析计算,分别以 2-cell 和 3-cell 耦合构成混沌振荡器,绘制其超混沌吸引子计算其 Lyapunov 指数,分析其超混沌特性。最后设计给出了这两种超混沌系统不同的同步控制规则和参数更新规律,并利用实验仿真,证明该同步方法快速有效。

"第四章、量子细胞神经网络混沌同步的保密应用研究"。以第二章和第三章的研究结果为基础,在第四章中,我们以 2-cell 的量子细胞神经网络为基础,利用其同步控制方法设计了一套多进制数字保密通信系统,并通过数值仿真验证了它的有效性和可扩展性;此外,结合当前不同的数字图像加密方法的优缺点,设计了一种新型半对称量子细胞神经网络超混沌图像加密算法,并通过仿真实验对该算法的安全性进行了全面分析。

"第五章、混沌加密网络安全应用"。结合第一章中所介绍的人们所面临的信息安全威胁,从身份认证的角度出发,结合超混沌加密技术,设计了一种分布式跨域身份认证方案;提出了一种基于量子细胞神经网络的弱密码超混沌加密方法,该密码方案将量子细胞神经网络的超混沌特性和人脑模式识别的优势相结合,使用较少的密码位数,极大降低了加密过程中的计算量,达到了较高的安全水平,该方法具有安全性高,用户记忆便捷的特点。

"第六章、量子细胞神经网络超混沌系统在光学图像加密中的应用"。从现有光学加密系统非线性程度不足的角度出发,利用量子细胞神经网络超混沌系统对光学图像进行加密解密,由于量子细胞神经网络的超混沌特性,弥补了传统双随机相位编码光学加密技术的线性特征的不足,令该加密方法具有密钥空间大,抗攻击能力强的安全特点。

作者希望本书能对计算机和信息安全等专业的本科高年级学生、研究生和相关研究人员了解相关理论的发展、从事相关的研究工作提供一定的参考价值。

由于作者水平有限,并受到科研水平及所做工作的局限性影响,书中难免存在不妥之处,敬请读者批评指正。本书部分研究内容得到了吉林省省级产业创新专项资金项目"基于混沌的视频加密技术研究与应用"(2016C087)的资助。

李锦青

2017 年 7 月

符号、缩略语说明

序　号	符号、缩略语	说　明
1	CNN（Cellular Neural Network）	细胞神经网络
2	QCNN（Quantum Cellular Neural Network）	量子细胞神经网络
3	TLM（Tent-Logist Compound Chaos Map）	复合混沌映射
4	Lyapunov 指数	李亚普诺夫指数
5	H	信息熵
6	NPCR（Number Pixels Change Rate）	像素变化率
7	UACI（Unified Average Change Intensity）	统一平均变化强度
8	r_{xy}	像素的相关系数
9	QCA（Quantum-Dot Cellular Automata）	量子点细胞自动机
10	$\hbar$	普朗克常量
11	γ	量子点间隧穿能
12	E_k	静电损耗
13	P_k	相邻量子细胞自动机极化率
14	$\overline{P}_k$	P_k 的加权代数和
15	ϕ_k	QCA 量子相位
16	TCP（Trusted Computing Platform）	可信计算平台
17	Do	可信域
18	DCAC（Distributed Certificate Arbitration Center）	分布式证书仲裁中心
19	AIK（Attestation Identity Key）	平台身份密钥
20	CRPM（Chaotic Random Phase Mask）	混沌随机相位模板

目　录

第一章　绪　论

网络空间已被视为继陆、海、空、天之后的第五空间,网络战已成为所谓的"第五空间战争",随之,网络空间的安全问题,已经上升到国家战略安全的层次。2014年2月27日,中央网络安全和信息化领导小组宣告成立,并在北京召开了第一次会议。中共中央总书记、国家主席、中央军委主席习近平亲自担任组长,明确提出要建设坚固可靠的国家网络安全体系。《中华人民共和国网络安全法》也在2017年6月1日颁布实施。

计算机网络把人类社会从工业时代带进了信息时代,人类在工作、生活和学习等方方面面已经无法摆脱对网络的依赖,但在网络服务给人们提供了极大便利的同时,对于信息系统的非法入侵和破坏活动正以惊人的速度在全世界蔓延,同时带来了巨大的经济损失和安全威胁,据统计,每年全球因网络安全问题导致的损失已经达到数万亿美元。因此网络信息安全问题已引起各国政府的高度重视。这种重视也明显体现在了国家教育发展的规划上。2011年,国务院学位办编写的《计算机科学与技术一级学科简介》(征求意见稿)将信息安全从计算机软件与理论二级学科中划分出来,与从计算机系统结构二级学科中剥离出来的计算机网络放在一起,设置了新的二级学科:计算机网络与信息安全;2012年,国家教育部对本科专业目录调整时在计算机专业类中明确设置了信息安全专业,并可授工学或理学或管理学学士学位。

随着互联网应用,特别是电子商务、电子政务、电子金融的普及,以及云计算、大数据时代的到来,信息安全已经成为国家战略安全的重要组成部分,同时,网络攻防技术成为大国间经济、政治、文化、军事博弈的利器。2016年11月在浙江乌镇召开的第三届互联网大会上,中共中央总书记、国家主席习近平着重强调了网络安全对于网络空间命运共同体的重要性。回顾近年来国内外网络安全大事件,"315晚会曝光公共WIFI漏洞,20万儿童信息泄露或打包出售,准大学生徐玉玉遭电信诈骗后死亡,超3200万Twitter账户密码泄露,2.7亿Gmail、雅虎和Hotmail账号遭泄露,MySpace出现史上最大规模数据泄露事件"等一系列电信诈骗、病毒攻击、数据泄密安全事件频发,且愈演愈烈,使我们清晰地认识到解决网络信息安全问题还任重而道远。

1.1 混 沌 简 介

混沌(Chaos)也作浑沌,指确定性系统产生的一种对初始条件具有敏感依赖性的回复性非周期运动。浑沌与分形(fractal)和孤子(soliton)是非线性科学中最重要的三个概念。浑沌理论隶属于非线性科学,只有非线性系统才能产生浑沌运动。据1991年出版的《浑沌文献总目》统计,已收集到与浑沌研究有直接关系的书269部、论文7157篇。到1996年底,还不断有新的浑沌研究成果发表[3]。

混沌确定系统是1903年庞加莱在研究三体问题时第一次发现的。典型的Duffing动力学方程和VDP动力学方程奠定了混沌动力学基础。1954年,苏联数学家A. N. Kolmogorov发现了哈密尔顿函数微小变化时条件周期运动的持续,从而揭示了不仅耗散系统有混沌,保守系统中也有混沌。1963年,Lorenz给出了三个变量的Lorenz方程。这些都为混沌的发展奠定了基础。20世纪70年代,特别是1975年以后,是混沌科学发展史上光辉灿烂的年代。在这一时期,作为一门新兴学科——混沌学正式诞生了。1971年,法国数学物理学家Ruelle和荷兰学者Takens一起发表了《论湍流的本质》,在学术界首次提出用混沌来描述湍流形成机理的新观点,通过严密的数学分析,独立地发现了动力系统存在"奇怪吸引子",他们形容为"一簇曲线,一团斑点,有时展现为光彩夺目的星云或烟火,有时展现为非常可怕和令人生厌的花丛,数不清的形式有待探讨,有待发现。"1973年,日本京都大学的Y. Ueda在用计算机研究非线性振动时,发现了一种杂乱振动形态,称为Ueda吸引子;1975年,李天岩(T. Y. Li)和J. A. Yorke在他们的论文《周期3意味着混沌》中,给出了闭区间上连续自映射的混沌定义,在文中首先提出Chaos(混沌)这个名词,并为后来的学者所接受。1977年夏天,物理学家J. Ford和G. Casati在意大利组织了关于混沌研究的第一次国际科学会议,进一步营造了混沌研究的氛围;1978年,M. J. Feigenbaum用手摇计算机彻夜工作,发现了一类周期倍化通向混沌的道路中的普遍常数;1979年,P. J. Holmes作了磁场曲线中曲片受简谐激励时的振动试验,发现激励频率和振幅超过某个特定值之后,就出现混沌振动;1980年,意大利的V. Franceschini用计算机研究流体从平流过渡到湍流时,发现周期倍化现象,验证了费根鲍姆(Feigenbaum)常数;1981年,美国麻省理工学院的P. S. Linsay第一次用实验证明了Feigenbaum常数;1989年,美苏混沌讨论会召开;1990年,在德国专门设立了分岔与混沌研讨会;1991 年 4 月,在日本由联合大学与东京大学共同召开了"混沌对科学与社会的影响"的国际会议;1991 年 10 月,在美国召开了首届混沌试验研讨会。这些会议的召开促进了混沌学研究世界性热潮的到来[3,4]。

近年来,混沌科学更是与其他科学相互渗透,无论是在生物学、生理学、心理学、数学、物理学、电子学、信息科学,还是天文学、气象学、经济学,甚至在音乐、艺术等领域,混沌都得到了广泛的应用[3]。例如 Kaos 公司在 1995 年主办了混沌芝加哥艺术节,把混沌理论的意义和内容带到了装饰术中。M. S. Baptista 在 1998 年提出了一种基于搜索机制的混沌密码算法,可以使用简单的低维和混沌逻辑方程的遍历属性来加密消息(由某些字母组成的文本)。2000 年 S. S. GE 提出了一种用于构建反馈控制律和相关 Lyapunov 函数的混沌系统设计方法,2005 年,A. Argyris 对混沌载波在光混沌通信系统中同步的能力在光谱域分析下进行了实验研究。2007 年,Francis C. Moon 修订流体和固体混沌振动现象,反映了这个快速变化主题的最新发展。2008 年,Behnia 等人提出了基于耦合混沌映射的对称图形加密算法;2010 年,J Hizanidis 等人提出了一种结合以前研究的全光学和电光学方案的光混沌通信的新架构,2012 年,Zhang 等人首次提出了基于 PDE 的图像加密技术;2013 年,Wu 等阐述了离散分数逻辑映射,其是在左侧卡普托离散增量的意义上提出;2014 年,F. Krahmer 等人提出了一个基于链接方法的一组矩阵索引的特殊类型混沌过程的上限的新界限;2015 年,M. Sciamanna 讨论了支撑激光二极管混沌的基础物理学以及将其用于潜在应用的机会。Meng 等人在 2016 年发表的论文中研究开发了基于 Einthoven 原理的 ECG 过程。使用 LabVIEW 将电路和 DAQ 卡并入人机界面,以检测 ECG 中的 PQRST 点,并显示测试对象的经处理的 ECG 信号。使用主从混沌系统将保存的 ECG 数据绘制成混沌动态误差动力学图。选择混沌眼作为特征,并使用元素模型构建身份数据库,通过使用扩展方法分类来识别个人身份。如今,混沌的发现被认为是 20 世纪物理学三大成就之一,可以说"相对论消除了关于绝对空间与时间的幻想;量子力学消除了关于可控测量过程的牛顿式的梦;而混沌则消除了拉普拉斯关于决定论式可预测性的幻想"。正如混沌科学的倡导者之一,美国海军部官员 M. Shlesinger 所说的那样:"20 世纪科学将永远铭记的三件事,那就是相对论、量子力学和混沌",它在整个科学中所起的作用相当于微积分学在 18 世纪对数理科学的影响[4]。混沌学的创立,将在确定论和概率论这两大科学体系之间架起桥梁,它将揭开物理学、数学乃至整个现代科学发展的新篇章[3,4]。

国外的混沌研究成果倍出,以洛伦茨(Lorenz)吸引子、费根鲍姆(Feigenbaum)普适常数、KAM 定理、阿诺德(Arnold)扩散、斯梅尔(Smale)马蹄理论为标志,取得了重大的突破;国内的学者也取得了一系列成果,涌现出了蔡少棠、郝柏林、陈关荣等一大批混沌学专家[3,4]。

将量子理论与神经计算相结合是美国路易斯安那州立大学 Subhash Kak 教授的创举,他在 1995 年发表的《On Quantum Neural Computing》[5]一文首次提出量子神经计算的概念,开创了该领域的先河。同年 6 月,英国 Sussex 大学的 Ronald L. Chrisley 提出了 Quantum Learning[6]的概念,并给出非叠加态的量子神经网络模型和相应的学习算法。

1995 年 11 月,英国 Exeter 大学的 Mark Moore 和 Ajit Narayanan 在本校的技术报告中发表了有关量子衍生计算《Quantum-Inspired computing》的学术论文[7];同年 12 月,Menneer 和 Narayanan 又发表了量子衍生神经网络《Quantum-Inspired Neural Networks》的相关论文[8];1996 年,Narayanan 和 Moore 又在 IEEE 的 Evolutionary Computation 国际会议上发表了一篇关于量子衍生遗传算法《Quantum-Inspired Genetic Algorithms》的文章[9];1998 年,Menneer 完成了题目为《Quantum Artificial Neural Networks》的博士论文[10],文中讨论了如何将量子计算引入人工神经网络,并证实了对于分类问题量子神经网络要比传统神经网络更为有效。

1996 年,美国 Wichita 州立大学的 Behrman 博士等人在《InterJournal Complex Systems》杂志上发表了一篇名为《A Quantum Dot Neural Networks》的文章,文中提出了量子点神经网络模型[11]。

1997 年,美国 Brigham Young 大学的 Dan Ventura 博士和 Tony Martinez 教授初步给出了具有量子力学特性的人工神经元模型,并在 2000 年发表的《Quantum Associative Memory》一文中给出有关量子联想的概念[12]。

1999 年,毕业后在 Penn 州立大学工作的 Ventura 博士在 IEEE Intelligent System 7/8 月专刊上正式提出量子计算智能(Quantum Computational Intelligence)的定义,并在 2000 年 3 月召开的第四届国际计算智能和神经科学会议上主持了量子计算与神经量子信息处理的专题会议《The Special Sessions on Quantum Computation and Neuro-quantum Information Processing》。

此外巴西 Brasilia 大学的李伟钢(Li Weigang)博士在 1998 年发表了有关量子并行 SOM 算法的文章《A Study of Parallel Self-Organizing Map》[13],并应用于卫星遥感图像的识别;1999 年,他在文章《A Study of Parallel Neural Networks》中讨论了量子的隐形传态(Teleportation)问题,初步构造了纠缠神经网络模型[14]。

由于量子论是现代物理学的基石。量子论给我们提供了新的关于自然界的表述方法和思考方法。量子论揭示了微观物质世界的基本规律,它具有更普遍更本质的特征。量子神经网络是传统神经计算系统的自然进化,量子计算的巨大威力势必会大幅提升神经计算的信息处理能力。

1993 年,Lent 等利用量子点提出的量子点细胞自动机(Quantum‐doc Cellular Automata, QCA)[15]已经引起学术界的广泛关注。采用量子计算的方法有很多优点,如计算是在纳米结构尺度上,因此具有超高集成密度和低功耗等特点[16]。学者们还利用 QCA 构造了细胞局部耦合的网络——量子细胞神经网络(Quantum Cellular Neural Network,QCNN)[17-21]。这些量子点细胞以其规则结构及局部耦合排列的网络与蔡氏细胞神经网络非常类似。以薛定谔方程为基础的 QCNN 量子力学方程,也表现出与蔡氏细胞神经网络动力学特性类似的形式。由于量子点之间的量子相互作用,可从每个细胞的极化率获得复杂的动力学特性。Fortuna 等在文献[22]中介绍了量子细胞神经网络的混沌现象,并在 2004 年发表了文章[23],介绍了由 QCNN 构造的纳米级混沌振荡器。西安交通大学的蔡理和王森发表了多篇关于量子细胞神经网络超混沌特性及其相关应用的学术论文[16, 24-28]。近年来,国内外的研究者以量子细胞神经网络为基础,针对不同的混沌同步方法展开了深入的研究[29-34]。2009 年,KS Sudheer 利用自适应方法研究了双细胞量子‐CNN 混沌振荡器的功能投影同步;2010 年,Yang 等人利用非线性自适应控制器研究了两单元量子 CNN 混沌振荡器的功能投影同步;XK Yang 等在研究了具有不确定系统参数的量子细胞神经网络和 Lorenz 超混沌系统的功能投影同步;CH Yang 通过可变结构控制和脉冲控制,研究了量子 CNN 混沌系统的混沌同步和混沌控制;ZM Ge 提出了一种新的模糊模型来模拟量子细胞神经网络纳米系统(称为 Quantum‐CNN 系统);2011 年 CH Yang 提出了通过 GYC 部分区域稳定性实现混沌广义同步的新策略;2016 年,Luca 等人发表的《从量子混沌和本征态热化到统计力学和热力学》对本征态热化假说(ETH),其基础及其对统计力学和热力学的影响进行了教学性的介绍。

1.2　混沌图像加密简介

数字图像是目前最流行的多媒体形式之一,在政治、经济、国防、教育等方面均有广泛应用。对于某些特殊领域,如军事、商业和医疗,数字图像还有较高的保密要求。为了实现数字图像保密,实际操作中一般先将二维图像转换成一维数据,再采用传统加密算法进行加密。与普通的文本信息不同,图像和视频具有时间性、空间性、视觉可感知性,还可进行有损压缩,这些特性使得为图像设计更加高效、安全的加密算法成为可能。自 20 世纪 90 年代起,研究者利用这些特性提出了多种图像加密算法。

混沌图像加密技术是近年来应用非常普遍的一种数字图像加密技术,由于近年来兴起的混沌理论在加密数字图像上的应用表现出了良好的特性,并且为数字图像加密提供了一种新的有效途径,从而使得混沌图像加密的相关研究受到国内外的广泛重视。混沌现象是指在确定性系统中的貌似随机的不规则运动,在一个确定性理论描述的系统中,其行为却表现为不确定性、不可重复、不可预测的类似随机的过程,混沌动力学在此基础上得到迅猛发展,这使得混沌可以用来作为一种新的密码体系,可以给声音、图像数据以及文本文件加密。由于混沌系统对初始条件和参数的敏感性及其类噪声特性,使得混沌理论越来越多地被应用到保密通信系统的设计中,专家学者们先后提出了许多基于混沌系统的加密算法[35-50]。

对基于混沌的图像加密模式做进一步研究具有非常重要的理论意义和应用价值。1997 年,Fridrich 首次将混沌加密方法应用到图像加密中[35],随后,混沌图像加密技术成为数字图像加密技术研究的热点。2010 年,Faridnia 以混沌函数和图论为基础,提出了一种图像加密方法[36]。同年,Ahmad Musheer 等,在文献[37]中设计了一种多层次的块置乱图像加密方案。Singh Narendra 和 Sinha Aloka 在文献[38,39]中分别介绍了基于混沌映射的光学图像加密算法和数字水印。2011 年,Kumar 提出了一种扩展的替代扩散的基于混沌标准映射的图像加密方法[40]。Ahmad Musheer 和 Farooq Omar 在文献[41]中给出了一种基于混沌和离散小波变换的安全的卫星图像传输方案。2012 年,文献[42]介绍了一种基于改进的混沌序列的图像加密方案。Mirzaei Omid 等提出了一种并行子图像超混沌加密算法[43]。文章[44]给出了基于混沌加密的分形图像编码方案。Abdullah 等在文献[45]中提出了一种混合遗传算法和混沌函数模型的图像加密算法。Seyedzadeh 介绍了基于耦合二维分段混沌映射的快速彩色图像加密算法[46]。文献[47]阐述了一种基于延迟分数阶 Logist 混沌的图像加密方法。2013 年,文献[48]中介绍了一种使用离散 Chirikov 标准映射和混沌分数随机变换的双光学图像加密方法。Tong 在文章中阐述了多混沌映射的图像加密方案设计思想[49]。Rasul 提出了一种加权离散帝国主义竞争算法(WDICA)结合混沌映射的图像加密算法[50]。2014 年,Khan 等人提出了利用分数洛伦兹混沌系统的仿射变换的新的数字图像加密方案,J. S. 提出了一种基于线性多项式方程(LDE)的快速生成大排列和扩散密钥的一轮加密方案,在很大程度上克服了混沌图像加密耗时耗材的问题。2015 年,Khan, M. & Shah 提出了一种构建图像加密应用中使用的非线性分量的算法。zhao 等人基于数字图像加密和高维混沌序列的特点,提出了一种新的 improper 分数阶混沌系统的对称数字图像加密算法。2016 年,R. Guesmi 等人提出了一种基于脱氧核糖核酸(DNA)掩蔽的混合模型,安全散列算法 SHA-2 和 Lorenz 系统的新型图像加密算法,研究使用DNA 序列和操作以及混沌 Lorenz 系统来加强密码系统。A Belazi 提出了基于SP 网络和混沌的 61A 新型图像加密方法;2017 年,A Belazi 提出了一种基于混沌系统和线性分数变换(LFT)构建的基于替代盒(S-box)的基于混沌的部分图像加密方案;A. Roy 等使用自由运行的垂直腔表面发射激光器(VCSEL)中的偏振动力学同步来研究彩色图像的加密和解密过程。

第二章　混沌神经网络图像加密算法研究

2.1　引　　言

近年来,安全通信方式中的数据加密机制受到了全世界研究者的广泛关注。最常见的图像加密机制为置乱—扩散机制。采用该机制的图像密码系统通常包含两个阶段:置乱阶段主要是用于将图像的信息次序打乱,将 a 像素移动到 b 像素的位置上,b 像素移动到 c 像素的位置上等,用于掩盖明文、密文和密钥之间的关系,使其变换成杂乱无章、难以辨认的图像,使密钥和密文之间的统计关系尽可能复杂,导致密码攻击者无法从密文推理得到密钥;扩散阶段是使明文的任意一位像素均能影响密文中多位的值,将明文冗余度分散到密文中,以便隐藏明文的统计结构。将置乱—扩散过程重复循环一定次数,以保证达到相应的安全水平。在这种机制中,密钥和控制参数的生成是算法安全性与复杂性的决定性要素之一。

一个良好的加密算法应该是对密钥敏感的,并且密钥空间应该足够大以抵抗暴力攻击。混沌系统所具有的对参数和初值非常敏感的基本特性和密码学的天然关系在 Shannon 的经典文章[51]中就有提到。当前,文献中大量的基于混沌系统的加密方法被提出,使用混沌系统生成密钥及参数已成为安全通信领域一项非常重要的课题[52-55]。由于神经网络的复杂性和时变结构使其作为信息保护的另一选择被广泛的应用,包括对数据的加密、认证、入侵检测等[56-59]。

混沌神经网络结合了神经网络与混沌二者的特性,较传统的混沌系统而言具有更为复杂的时空复杂度,其良好的置乱和扩散特性已经成功用于密码设计。混沌神经网络应用于密码设计的研究引来越来越多学者的关注[60-66]。Huang[60]提出了一种四个神经元的 Hopfield 神经网络结构,并对其混沌特性进行了分析。Bigdeli 根据文献[60]讨论的混沌神经网络模型设计了一种图像加密算法[61],并对其安全性进行分析。Li[62]对一种细胞神经网络模型的混沌现象进行了分析。Peng[63]设计了一种基于文献[62]的图像加密算法;Gao 依照该模型提出一种图像识别算法[64];文献[66]介绍了使用细胞神经网络模型设计的公钥水印算法。

以细胞神经网络(CNN)作为模型设计图像加密方案,其优点主要有[60]:

(1)细胞神经网络状态方程形式简单,但在很大的参数范围内具有混沌吸引子,具有复杂的动力学行为;

(2)细胞神经网络状态方程中参数较多,可以设计出密钥空间较大的加密方案;

(3)细胞神经网络状态方程能直接产生随机性较好的随机矩阵,使得二维图像加密方案的设计更加方便;

(4)细胞神经网络易于在超大规模集成电路中实现。

2.2 基于复合混沌映射和混沌细胞神经网络的彩色图像加密算法

基于复合混沌映射和混沌细胞神经网络的彩色图像加密算法使用两个不同初始条件和参数的复合混沌映射[67]分别生成置乱阶段的控制参数和高阶混沌系统的控制参数。在该算法中,六个初始密钥包括:两个复合映射混沌系统的初始条件,两个控制参数以及两个迭代次数。本算法具有极强的敏感性,即便是十分轻微的不匹配都无法解密。这意味着,即使知道密钥的近似值也不能够进行破解。对图像加密算法的安全性分析表明:该加密系统具备鲁棒性,有效性和出色的工作性能。

2.2.1 复合混沌映射与细胞神经网络模型

1. 复合混沌映射 TLM (Tent-logist Compound chaos mapping)

标准帐篷映射的方程为[69]

$$x_{n+1} = \begin{cases} \mu x_n, & 0 < x_n < 0.5 \\ \mu(1-x_n), & 0.5 \leq x_n < 1 \end{cases} \tag{2.1}$$

研究表明,当对 μ 取不同值迭代,该方程所表现出来的特性是不同的。在 $\mu < 1$ 时,式(2.1)处于收敛状态,恒收敛于不动点 0,其收敛速度随着 μ 增大而减小。当达到临界点 $\mu = 1$ 时,方程收敛于初始迭代点。当 $\mu > 1$ 时,方程表现为混沌状态,并且混沌带随着 μ 增大而逐渐扩大。

Logistic 映射的方程为[63]

$$x_{n+1} = \lambda x_n(1-x_n) \quad \lambda \in (0,4), x \in [0,1] \tag{2.2}$$

9

对于 Logistic 映射,当 $\lambda=4$ 时,处于混沌区,并且为 $(0,1)$ 上的满映射。因此取值 $\lambda=4$ 时,式(2.2)变为

$$x_{n+1}=4x_n(1-x_n)\quad x\in[0,1] \tag{2.3}$$

由于 Logistic 映射的稳定周期 3 轨道经历倍周期分岔过程可知,式(2.1)中 x_n 的值始终处于 $(0,1)$ 上,即无论对式(2.1)怎样取值,其值域都不会超出式(2.3)的定义域范围,因此,将式(2.1)代入到式(2.3)中,便可以得到一个新的复合混沌映射,我们称其为 TLM[64]:

$$x_{n+1}=\begin{cases}4\mu x_n(1-\mu x_n), & 0<x_n<0.5\\ 4\mu(1-x_n)(1-\mu(1-x_n)), & 0.5\leqslant x_n<1\end{cases} \tag{2.4}$$

其混沌吸引子分布如图 2.1 所示,其 Lyapunov 指数分布如图 2.2 所示。可见当 $\mu\in(0.37,2)$ 时,TLM 混沌系统的 Lyapunov 指数恒大于零,该系统处于混沌态。

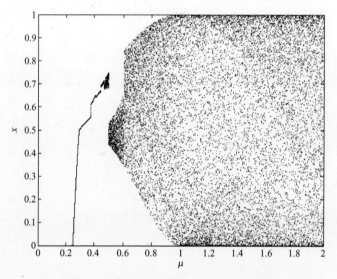

图 2.1 复合混沌映射混沌吸引子分布图

2. 超混沌细胞神经网络模型

此处使用的超混沌系统为 6 阶 CNN。文献[68]中描述的 6 阶全互联 CNN 状态方程如下:

$$\frac{\mathrm{d}x_i}{\mathrm{d}t}=-x_j+a_jp_j+\sum_{\substack{k=1\\k\neq j}}^{6}a_{jk}p_k+\sum_{k=1}^{6}s_{jk}x_k+i_j\quad(i=1,2,\cdots,6) \tag{2.5}$$

式中:

$$a_j=0(j=1,2,3,5,6),a_4=200;$$

10

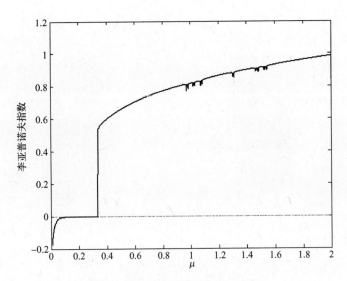

图 2.2 复合混沌映射 Lyapunov 指数

$$a_{jk} = 0(j,k=1,2,\cdots,6;j=k) ;$$

$$s_{12} = s_{21} = s_{24} = s_{34} = s_{42} = s_{43} = s_{53} = s_{54} = s_{55} = s_{56} = s_{61} = s_{63} = s_{64} = 0 ;$$

$$i_j = 0(j=1,2,\cdots,6) ;$$

$$s_{11} = s_{23} = s_{33} = s_{51} = 1 ; s_{13} = s_{14} = -1 ;$$

$$s_{22} = 3, s_{31} = 14, s_{32} = -14, s_{41} = s_{62} = 100, s_{44} = -99, s_{52} = 18, s_{65} = 4, s_{66} = -3 ;$$

式（2.5）可写为

$$\begin{cases} \dot{x}_1 = -x_3 - x_4 \\ \dot{x}_2 = 2x_2 + x_3 \\ \dot{x}_3 = 14x_1 - 14x_2 \\ \dot{x}_4 = 100x_1 - 100x_4 + 200p_4 \\ \dot{x}_5 = 18x_2 + x_1 - x_5 \\ \dot{x}_6 = 4x_5 - 4x_6 + 100x_2 \end{cases} \tag{2.6}$$

式中：$p_4 = 0.5(\mid x_4 + 1 \mid - \mid x_4 - 1 \mid)$。

计算式（2.6）的 Lyapunov 指数，当 $t \rightarrow \infty$ 时，6 个 Lyapunov 指数分别为

$\lambda_1 = 2.748, \lambda_2 = -2.9844, \lambda_3 = 1.2411, \lambda_4 = -14.4549, \lambda_5 = -1.4123, \lambda_6 = -83.2282$，其中两个为正的 Lyapunov 指数，式（2.6）为超混沌系统。

上述 6 阶 CNN 系统产生的部分超混沌吸引子如图 2.3 所示。

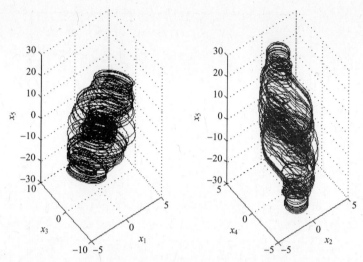

图 2.3　6 阶细胞神经网络部分超混沌吸引子分布图(初始条件
$x_1(0)=0.1, x_2(0)=0.2, x_3(0)=0.3, x_4(0)=0.4, x_5(0)=0.5, x_6(0)=0.6)$

2.2.2　图像加密解密算法

1. 加密算法

此处提出的加密方法是一种混合混沌加密算法。加密流程图如图 2.4 所示。本算法由置乱和扩散两个阶段构成。在置乱阶段,应用 Cat 映射进行图像置乱,将 TLM 映射迭代 M 次,用于生成 Cat 映射的控制参数。TLM 映射的控制参数 m_{TL1},初始条件 $X_{TL1}(0)$ 以及迭代次数 M 作为部分加密密钥。

令原始图像 D 为 $N×N$ 的图像。安全密钥分别为 $X_{TL1}(0)$,m_{TL1},$X_{TL2}(0)$,m_{TL2},M,R。令循环次数 $r=1$。

当初始条件为 $X_{TL1}(0)$ 和控制参数为 m_{TL1},迭代 TLM 映射 M 次,得到 $X_{TL1}(r)$。同样的方法,当初始条件为 $X_{TL2}(0)$ 和控制参数为 m_{TL2} 可得到 $X_{TL2}(r)$。$X_{TL1}(r)$ 和 $X_{TL2}(r)$ 分别用于置乱和扩散阶段。

置乱阶段使用可变参数 Cat 映射,Cat 映射的方程定义为[19]

$$\begin{pmatrix} x_{n+1} \\ y_{n+1} \end{pmatrix} = A \begin{pmatrix} x_n \\ y_n \end{pmatrix} \mathrm{mod}(N) = \begin{bmatrix} 1 & p \\ q & pq+1 \end{bmatrix} \begin{pmatrix} x_n \\ y_n \end{pmatrix} \mathrm{mod}(N) \tag{2.7}$$

由于 $\det(A)=1$,控制参数 p,q 如下式描述:

$$\begin{cases} p=f_1(X_{TL1}(r)) \\ q=f_2(X_{TL1}(r)) \end{cases} \tag{2.8}$$

式中:

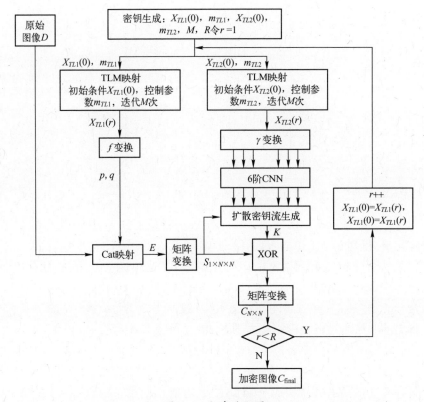

图 2.4　加密流程图

$$f_1(X_{TL1}(r)) = floor[\, mod(X_{TL1}(r) \times 2^{24}, N)\,]$$

$$f_2(X_{TL1}(r)) = floor[\, mod(mod(X_{TL1}(r) \times 2^{48}, 2^{24}), N)\,]$$

根据式(2.7)排列图像,将原始图像 D 转化为置乱图像 E。

将置乱图像 E 的像素按照从左到右,从上到下的顺序进行矩阵变换得到一个 $1 \times (N \times N)$ 序列 $S = \{S_1, S_2, \cdots, S_{N \times N}\}$。

在扩散阶段,使用 6 阶细胞神经网络超混沌系统进行图像扩散,以改变像素的值。使用 $X_{TL2}(r)$ 以式(2.9)的方法生成超混沌系统的初始条件:

$$x_i(0) = \gamma_i X_{TL2}(r) \tag{2.9}$$

式中:参数 $\gamma_i(i=1,2,3,4,5,6)$ 为某恰当整数。由于 $X_{TL2}(r)$ 由混沌复合映射获取,所以式(2.9)所示初始值 $x_i(0)$ 仍为混沌值。

将式(2.6)迭代 $ceil\left(\dfrac{N \times N}{6}\right)$ 次,构成 X 矩阵。

$$X = \begin{bmatrix} X_{1,1} & X_{1,2} & \cdots & X_{1,ceil\left(\frac{N\times N}{6}\right)} \\ X_{2,1} & X_{2,2} & \cdots & X_{2,ceil\left(\frac{N\times N}{6}\right)} \\ X_{3,1} & X_{3,2} & \cdots & X_{3,ceil\left(\frac{N\times N}{6}\right)} \\ X_{4,1} & X_{4,2} & \cdots & X_{4,ceil\left(\frac{N\times N}{6}\right)} \\ X_{5,1} & X_{5,2} & \cdots & X_{5,ceil\left(\frac{N\times N}{6}\right)} \\ X_{6,1} & X_{6,2} & \cdots & X_{6,ceil\left(\frac{N\times N}{6}\right)} \end{bmatrix} \qquad (2.10)$$

矩阵 X 元素 $X_{i,j}$，$(i=1,2,3,4,5,6; j=1,2,\cdots,ceil\left(\dfrac{N\times N}{6}\right))$，$i$ 表示式（2.6）的序列号，j 表示系统迭代的次数。将 X 矩阵进行从上到下，从左到右的顺序排列矩阵元素，得到一个 $1\times(N\times N)$ 的序列 $XS=\{X_1,X_2,\cdots,X_{N\times N}\}$。

将 XS 序列同 Cat 映射置乱的序列 S，通过式（2.11）生成扩散密钥流 K：

$$K_i = \mathrm{mod}(round((\,abs(XS_i)-floor(\,abs(XS_i)\,)))\times 10^{14}+S_{(i-1)}),N) \qquad (2.11)$$

令 $i=1,2,\cdots,(N\times N)$，S 的初始值 $S_0=127$，K 为一个 $1\times(N\times N)$ 的矩阵。

将置乱图像通过以上密钥流 K 进行加密，得密文 C：

$$C_i = bitxor(S_i, K_i) \qquad (2.12)$$

式中：$i=1,2,\cdots,(N\times N)$，$bitxor(\ )$ 函数返回两个整数的位异或值。

集合 C 中的所有元素构成一个 $1\times(N\times N)$ 的行向量，将其转换为 $N\times N$ 的矩阵以获得加密图像 C_r，若当前轮次不是最后轮次（$r<R$），则循环以上过程。否则，C_r 为最终输出加密图像 C_{final}。

2. 解密算法

解密阶段为加密阶段的逆过程。由此，将反转的扩散和置乱阶段分别应用在加密图像上。解密过程流程图如图2.5所示。

令 $r=R$，将加密图像 C_{final} 进行矩阵变换为 $1\times(N\times N)$ 的序列 C。

扩散参数 $X_{TL2}(r)$ 和置乱参数 $X_{TL1}(r)$ 的获取方法与加密过程相同，安全密钥由 $X_{TL1}(0)$，m_{TL1}，$X_{TL2}(0)$，m_{TL2}，M，R 构成。

将 $X_{TL2}(r)$ 通过式（2.9）γ 变化得到 $\{x_1(0),x_2(0),x_3(0),x_4(0),x_5(0),x_6(0)\}$ 作为6阶超混沌细胞神经网络的初始条件。超混沌系统（2.6）迭代 $ceil\left(\dfrac{N\times N}{6}\right)$ 次，得矩阵 X，如式（2.10）所列。

将 X 进行矩阵变换得行矩阵 XS。

密钥流 K 与密文 C 经过式（2.13）所示方法，得到序列 S：

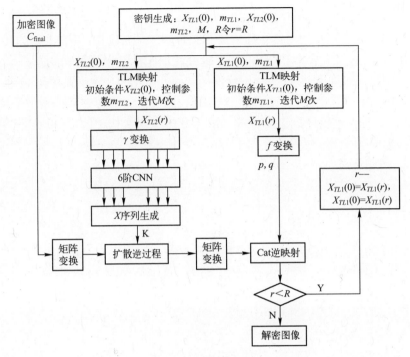

图 2.5　解密流程图

$$\begin{cases} K_i = \mathrm{mod}\left(round\left(abs\left(XS_i\right) - floor\left(abs\left(XS_i\right)\right)\right) \times 10^{14} + S_{(i-1)}\right), N\right) \\ S_i = bitxor\left(C_i, K_i\right) \end{cases} \quad (2.13)$$

式中: $i = 1, 2, \cdots, (N \times N)$; 序列 S 的初始值为 $S_0 = 127$。

将序列 S 变换为一个 $N \times N$ 的方阵。通过 Cat 逆映射得到解密图像 D_r。其参数 p, q 由 TLM 映射的迭代结果 $X_{TL1}(r)$ 通过式(2.7)获得。

判断解密过程是否结束: 如果 $r > 1$, 那么重复以上解密过程; 否则, D_r 为最后输出解密图像 D_{finial}。

该算法既可以应用于灰度图像, 同样也可应用于彩色图像的加密解密。如果原始图像为 RGB 彩色图像, 则加密对象为红、绿、蓝三个色彩分量。若原始图像为灰度图像, 则加密对象为图像像素的灰度值。

2.2.3　加密性能分析

一个好的加密算法应该是足够强健的, 以抵挡各种密码分析、统计分析和暴力攻击。在这一小节中我们将对 2.2.2 中的加密算法进行相应的安全性能分析。

15

1. 已知明文和选择明文攻击

式(2.11)所列扩散密钥矩阵 K 不仅仅依赖于加密密钥(复合映射的初始值和控制参数,迭代次数 R 和 M,以及高阶混沌细胞神经网络的初始条件),并且还依赖于原始图像本身。因此,即使使用相同安全密钥加密不同图像,扩散密钥流也是不同的。除此之外,密钥流是可变的,通过返回给加密系统一个全'0'或全'1'图像进行密码分析是无效的。由于密钥是明文相关的,所以该算法可以抵抗已知明文攻击和选择明文攻击。

2. 密钥空间

Logist 映射在离散域比在连续空间中拥有较小的密钥空间,即有限状态机[70]。由于 TLM 映射为 Logist 映射复合而成,所以具有和 Logist 映射相同的不足。但是我们认为该算法提供了在现实世界中足够的应用级别安全。本加密算法,使用两个复合映射 TLM 初始值和控制参数作为密钥。假设每一个密钥小于10,精确度为 10^{-14},密钥空间为 10^{56}。此外,迭代次数 R 和 m 也都用于密钥。Lian[71]建议密钥空间应该至少为 2^{64} 才能够抵抗暴力破解攻击达到安全水平。考虑该密码,密钥空间足够大以抵抗各种暴力攻击。

3. 统计分析

为展示本算法的可行性,使用 256×256 的"Lena"图像和"Peppers"图像作为明文图像。令加密密钥为

$$X_{TL1}(0) = 0.618, m_{TL1} = 1.5, X_{TL2}(0) = 0.6, m_{TL2} = 1.7, M = 200, R = 3 \quad (2.14)$$

(1)直方图分析。原始明文图像、加密图像、解密图像及其三个色彩分量(红、绿、蓝)的直方图分别由图 2.6～图 2.9 给出。如图所示,加密图像的直方图为均匀分布,具有很好的统计特性,类似白噪声。攻击者不能从加密图像中获取原始图像像素的相关信息。因此,该算法不会为任何统计攻击提供任何线索。

原始图像　　　　　　　加密图像　　　　　　　解密图像

图 2.6 "Lena"原始图像、加密图像和解密图像

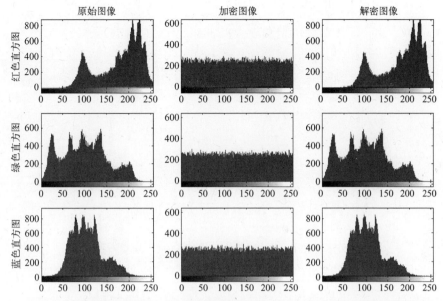

图 2.7　"Lena"原始图像、加密图像和解密图像的红、绿、蓝三个色彩分量直方图

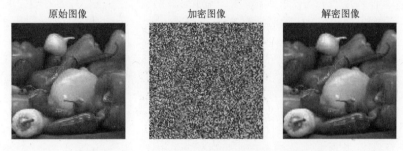

图 2.8　"Peppers"原始图像、加密图像和解密图像

（2）密钥敏感性分析。在与式（2.14）的相同条件下进行试验，对解密密钥进行细微调整。本例中，分别将解密密钥中的 $X_{TL1}(0)$，m_{TL1}，$X_{TL2}(0)$，m_{TL2} 与加密密钥相差 10^{-14}。密钥变化如下：

$$key1 = \{X_{TL1}(0) = 0.618 + 10^{-14}, m_{TL1} = 1.5, X_{TL2}(0) = 0.6, m_{TL2} = 1.7, M = 200, R = 3\}$$
$$key2 = \{X_{TL1}(0) = 0.618, m_{TL1} = 1.5 + 10^{-14}, X_{TL2}(0) = 0.6, m_{TL2} = 1.7, M = 200, R = 3\}$$
$$key3 = \{X_{TL1}(0) = 0.618, m_{TL1} = 1.5, X_{TL2}(0) = 0.6 + 10^{-14}, m_{TL2} = 1.7, M = 200, R = 3\}$$
$$key4 = \{X_{TL1}(0) = 0.618, m_{TL1} = 1.5, X_{TL2}(0) = 0.6, m_{TL2} = 1.7 + 10^{-14}, M = 200, R = 3\}$$

图 2.10 所示为 Lena 图像使用 key1，key2，key3 和 key4 四种解密密钥进行解密的结果。可见，即便密钥只有微小的差别，解密图像也是与明文绝对不同

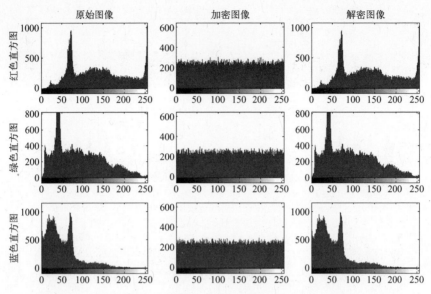

图 2.9 "Peppers"原始图像、加密图像和解密图像的红、绿、蓝三个色彩分量直方图

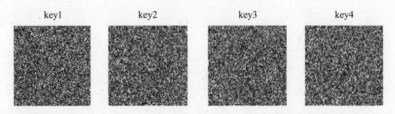

图 2.10 使用 key1,key2,key3 和 key4 作为解密密钥的解密结果

的,图2.11所示直方图依旧是随机性的。

（3）信息熵分析。在信息理论中,信息熵的定义描述了一个随机系统的不确定性。香农对信息熵 H 作以下定义：

$$H(X) = -\sum_{i=0}^{n-1} p(x_i) \log(p(x_i)) \qquad (2.15)$$

离散随机变量 $X, X \in \{x_0, x_1, x_2, \cdots, x_{n-1}\}$,随机密度函数为 $P(X)$。

例如,$n = 2^8$,$X = \{x_0, x_1, x_2, \cdots, x_{255}\}$ 为图像色彩强度值(或灰度值)。对于一个随机过程,每个元素都是等概率的。$P(x_i) = \dfrac{1}{256}$,$H(X) = 8$。然而,实际的信息很少具有绝对随机性,它们的熵值小于理想值。实际上,如果加密图像的信息熵不够理想,那么攻击者很可能会从中获取一定的信息。

计算"Lena"和"Peppers"加密图像像素灰度值的信息熵分别得 $H(X) = 7.9974$

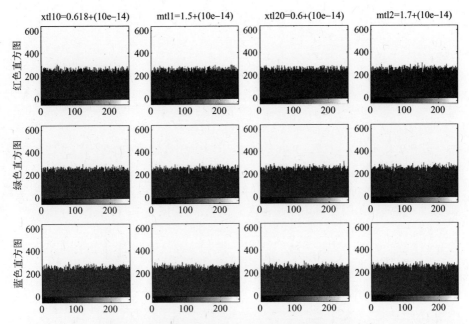

图 2.11　解密密钥分别为 key1,key2,key3 和 key4 时的
四种错误解密结果的红、绿、蓝三个色彩分量直方图

和 $H(X)=7.9977$。对比 AES[22] 算法密文的信息熵值为 7.91,文献[73]加密图像
的信息熵值为 7.9849。

　　分别计算应用该算法加密的"Lena"和"Peppers"图像的三个色彩分量的信
息熵,并对比文献[74]和文献[75]描述的算法,由表 2-1 所列。分析结果表明,
加密图像接近于随机信号源,本加密算法可以安全抵抗熵攻击。

表 2-1　加密图像三个色彩分量的信息熵

加 密 算 法	红	绿	蓝
文献[74]算法	7.9732	7.9750	7.9715
文献[75]算法	7.9851	7.9852	7.9832
本算法"Lena"图像	7.9971	7.9977	7.9975
本算法"Peppers"图像	7.9971	7.9968	7.9974

　　(4)相关性分析。相邻像素之间的相关性是另外一个表征加密性能的特
征。相关系数 r_{xy} 的计算公式如下:

$$e(x)=\frac{1}{N}\sum_{i=1}^{N}x_i$$

$$d(x) = \frac{1}{N} \sum_{i=1}^{N} (x_i - e(x))^2$$

$$\mathrm{cov}(x,y) = \frac{1}{N} \sum_{i=1}^{N} (x_i - e(x))(y_i - e(y))$$

$$r_{xy} = \frac{\mathrm{cov}(x,y)}{\sqrt{d(x)}\sqrt{d(y)}} \tag{2.16}$$

式中：(x_i, y_j)，$i = 1, 2, \cdots, N$ 为图像中两个相邻像素的灰度值；$\mathrm{cov}(x,y)$ 为协方差；$d(x)$ 为方差；$e(x)$ 为均值。

分别计算"Lena"和"Peppers"原始图像和加密图像的 4000 对水平相邻像素、垂直相邻像素，以及对角相邻像素的相关性，如图 2.12 和图 2.13 所示。

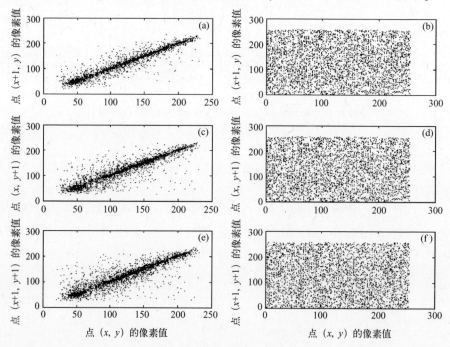

图 2.12 "Lena"图像的相关性

（a）原始图像水平方向相邻像素；（b）加密图像水平方向相邻像素；（c）原始图像垂直方向相邻像素；
（d）加密图像垂直方向相邻像素；（e）原始图像对角方向相邻像素；（f）加密图像对角方向相邻像素。

表 2-2 相关系数对比

加密算法	垂 直	水 平	对 角
原始图像	0.9882	0.9856	0.9669
算法[70]	0.0845	0.0681	-

20

加密算法	垂　直	水　平	对　角
算法[71]	0.0965	−0.0318	0.0362
算法[72]	0.077	0.066	−
本算法加密 Lena 图像	0.0126	0.0034	−0.0260
本算法加密 Pepper 图像	0.0195	0.0086	−0.0093

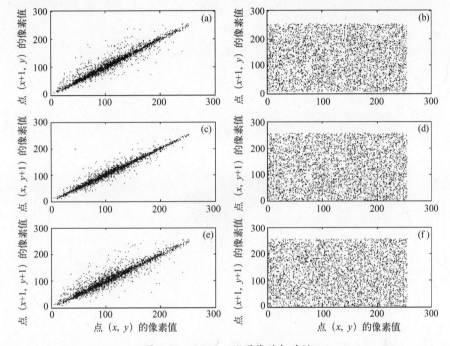

图 2.13 "Peppers"图像的相关性

（a）原始图像水平方向相邻像素；（b）加密图像水平方向相邻像素；（c）原始图像垂直方向相邻像素；
（d）加密图像垂直方向相邻像素；（e）原始图像对角方向相邻像素；（f）加密图像对角方向相邻像素。

　　由图 2.12，图 2.13 和表 2-2 数据可见，原始图像的相邻像素之间有很高的相关性，而加密图像相邻像素之间的相关性几乎可以忽略不计。对比相关算法，本算法表现出优异的性能，它破坏了图像相关性的有效性，有很强的抵抗统计攻击的能力。

2.3　基于 Hopfield 混沌神经网络的彩色图像加密算法

　　此处设计算法使用混沌复合映射控制参数以进行图像置乱。分离输出信号的三个色彩分量使用三个神经元的 Hopfield 混沌神经网络预处理图像加密,得到置乱密钥流。此处有两个不同初始条件和参数的复合混沌映射分别被用于生成排列阶段控制参数和生成混沌神经网络系统的控制参数。

2.3.1 Hopfield 混沌神经网络模型

文献[76]描述 Hopfield 混沌神经网络模型如下:

$$\begin{cases} \dot{x}_1 = -x_1 + 2f(x_1) - 1.2f(x_2) \\ \dot{x}_2 = -x_2 + (1.9+p)(x_1) + 1.71f(x_2) + 1.15f(x_3) \\ \dot{x}_3 = -x_3 - 4.75f(x_2) + 1.1f(x_3) \end{cases} \qquad (2.17)$$

式中,$f(x) = \tanh(x)$

其混沌吸引子分布如图 2.14 所示。

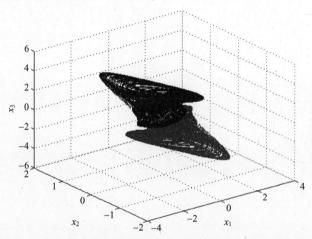

图 2.14 混沌吸引子分布图(初始条件分别为(-1.6855,0.2929,3.4720)
和(1.6855,-0.2929,-3.4720),$p = 0.1$)

2.3.2 图像加密解密算法

该算法由置乱和扩散两个阶段构成。其中,由复合混沌映射(TLM)生成 Cat 映射的控制参数被用于置乱阶段,该 TLM 映射的参数和初始条件分别称作 m_{TL1} 和 $X_{TL1}(0)$。TLM 映射迭代 m_1 次生成 Cat 映射的控制参数,在稍后的部分进行描述。m_{TL1},$X_{TL1}(0)$ 和 m_1 是本算法的三个加密密钥。在扩散阶段,Hopfield 混沌神经网络作用于三个色彩序列信号输出用于改变像素的值(图像均衡化),进行图像扩散。该设计方案中,TLM 映射使用不同的初始条件 $X_{TL2}(0)$ 和控制参数 m_{TL2} 用于生成高阶混沌系统的初始条件。在扩散阶段,TLM 映射分别迭代

22

m_R, m_G, m_B 次,得到 Hopfield 神经网络的三个初始条件。与第一逻辑映射相似,$X_{TL2}(0)$ 和 m_{TL2},以及 m_R, m_G, m_B 也作为加密密钥。由 Hopfield 神经网络生成密钥流用于图像均衡化,将在本节的其余部分进行描述。该置乱—扩散过程重复 TT 次,TT 也作为加密密钥。加密算法流程图如图 2.15 所示。

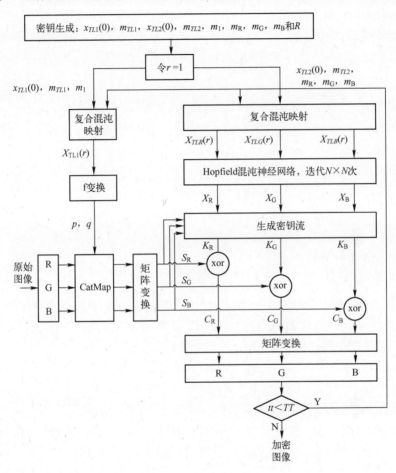

图 2.15　加密流程图

令原始图像 D 为 $N×N×3$ 的彩色图像,安全密钥分别为:$X_{TL1}(0), m_{TL1}, X_{TL2}(0),$ $m_{TL2}, m_1, m_R, m_G, m_B$ 和 R,令 $r=1$。

提取原始图像 RGB 三个分量,将原始图像转换为矩阵,以初始条件 $X_{TL1}(0)$ 迭代 TLM 映射 m_1 次,得控制参数 $X_{TL1}(r)$;以初始条件 $X_{TL2}(0)$ 迭代 TLM 映射 m_R, m_G, m_B 次,得控制参数 $X_{TLR}(r), X_{TLG}(r), X_{TLB}(r)$。分别用于置乱和扩散阶段。

在排列阶段,使用可变参数 Cat 映射,Cat 映射的方程如式(2.7)所示。应

23

用式(2.8)方法获取控制参数 p,q 的值,其中:

$$f_1(\cdot)=floor\left[\bmod(x\times 2^{24},N)\right],f_2(\cdot)=floor\left[\bmod(\bmod(x\times 2^{48},2^{24}),N)\right]$$

$$E=f_{\text{catmap}}(D) \tag{2.18}$$

式中:$D=\begin{bmatrix}D_R & D_G & D_B\end{bmatrix}^T$,分别为 $N\times N$ 的方阵;$f_{\text{catmap}}(\cdot)$ 为式(2.7)所示置乱方程;$E=\begin{bmatrix}E_R,E_G,E_B\end{bmatrix}$。

将置乱图像的像素按照从左到右,从上到下的顺序重排矩阵得到序列:

$$S=\begin{bmatrix} S_{R,1} & S_{R,2} & \cdots & S_{R,(N\times N)} \\ S_{G,1} & S_{G,2} & \cdots & S_{G,(N\times N)} \\ S_{B,1} & S_{B,2} & \cdots & S_{B,(N\times N)} \end{bmatrix} \tag{2.19}$$

在扩散阶段,令 $X=f_{\text{hopfield}}(X_{TL2})$,其中 $f_{\text{hopfirld}}(\cdot)$ 为式(2.17)描述的 Hopfield 混沌系统。$X_{TL2}=\begin{bmatrix}X_{TLR} & X_{TLG} & X_{TLB}\end{bmatrix}^T$ 为系统初始条件。迭代该系统 $N\times N$ 次,实现图像均衡化,得到 X 序列:

$$X=\begin{bmatrix} X_{R,1} & X_{R,2} & \cdots & X_{R,(N\times N)} \\ X_{G,1} & X_{G,2} & \cdots & X_{G,(N\times N)} \\ X_{B,1} & X_{B,2} & \cdots & X_{B,(N\times N)} \end{bmatrix} \tag{2.20}$$

生成密钥通过下式求取:

$$K_{i,j}=\bmod\left(round\left(\left(abs(x_{i,j})-floor(abs(x_{i,j}))\right)\times 10^{14}+S_{i,(j=1)}\right),N\right) \tag{2.21}$$

式中:S 初值 $S_{i,0}=127$,$i\in(R,G,B)$,$j=1,2,\cdots,(N\times N)$;K 为 $3\times(N\times N)$ 的矩阵。

将置乱图像通过以上密钥流进行加密的密文:

$$C_{i,j}=bitxor(S_{i,j},K_{i,j}) \tag{2.22}$$

式中:$i\in(R,G,B)$,$j=1,2,\cdots,(N\times N)$;C 为 $3\times(N\times N)$ 的矩阵;$bitxor(x,y)$ 返回两个整数 x 和 y 的位异或值。

矩阵 C 的每一行均为 $1\times(N\times N)$ 的行向量,将其进行矩阵变换,转化为 $N\times N$ 的矩阵以获得加密图像的三个色彩分量,再将其合成彩色图像。判断当前轮次是否为最后轮次($r<R$),若不是返回,循环执行加密过程;否则,得到最终加密图像 C_{final}。

解密阶段为加密阶段的逆过程。由此,将反转的扩散和排列行为分别应用在加密图像上。

2.3.3 加密性能分析

一个好的加密过程应该是密钥敏感的,并且密钥空间应该足够大以抵抗暴力攻击。同时它也应该足够健壮以抵抗各种密码分析和统计攻击。在这一部

24

分,对于本设计图像加密算法进行了安全性能分析以及统计和敏感性分析。分析表明,该密码系统可以保护密钥和明文以抵抗各种常见的攻击。其中包括已知明文攻击和选择明文攻击,密钥空间,直方图分析,密钥敏感性分析,加密图像信息熵分析,加密图像相邻像素相关性分析。

1. 已知明文攻击和选择明文攻击

式(2.21)所示扩散密钥矩阵 K 不仅仅依赖于加密密钥(复合映射的初始值和控制参数,迭代次数 R 和 m,以及高阶混沌细胞神经网络的初始条件),而且还依赖于原始图像本身。因此,即使是相同密钥对于不同图像进行异或操作,该阶段密钥流也是不同的。除此之外,由于密钥流是可变的,通过返回给加密系统一个黑图像进行密码分析是无效的。由于排列阶段的控制参数和扩散密钥流都是明文图像相关的。所以,本算法可以抵抗已知明文攻击和选择明文攻击。

2. 密钥空间

该加密算法,使用两个复合映射初始值和控制参数作为密钥。假设每一个密钥小于 10 则精确度为 10^{-14},密钥空间为 10^{56}。而且,迭代次数 R 和 m 也都用于密钥。考虑该密码,密钥空间足够大以抵抗各种暴力攻击。

3. 统计分析

本部分敏感性分析用于研究算法的性能。为展示模型的可行性,我们使用 256×256 的"Lena"图像作为明文图像。加密密钥为

$$X_{TL1}(0) = 0.6, m_{TL1} = 1.46, X_{TL2}(0) = 0.7, m_{TL2} = 1.5$$
$$m_1 = 1740, m_r = 150, m_g = 160, m_b = 180, R = 2 \tag{2.23}$$

(1)直方图分析 一幅图像的直方图描述的是像素密度分布于它们的色彩强度水平的关系。原始明文图像、加密图像的直方图分别由图 2.16 和图 2.17 给出。如图所示,加密图像的直方图为均匀分布,具有很好的统计特性,类似白噪声。由于不能从加密图像中获取原始图像像素的相关信息,因此不会为任何统计攻击提供任何线索。

原始图像　　　　　　　加密图像

图 2.16　256×256×3 的"Lena"图像加密解密对比

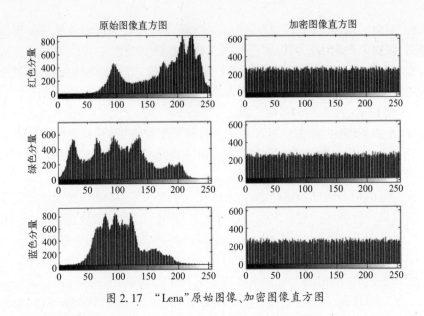

图 2.17 "Lena"原始图像、加密图像直方图

(2) 密钥敏感性分析 为了说明该算法的密钥敏感性,在式(2.23)的相同条件下进行实验。对密钥进行细微调整。本例子中,分别将密钥中的 $X_{TL1}(0)$,$X_{TL2}(0)$,m_{TL1},m_{TL2} 与原密钥的参数相差 10^{-14}。密钥变化如下:

$$X_{TL1}(0) = 0.6 + 10^{-14}, X_{TL2}(0) = 0.7, m_{TL1} = 1.46, m_{TL2} = 1.5$$
$$X_{TL1}(0) = 0.6, X_{TL2}(0) = 0.7 + 10^{-14}, m_{TL1} = 1.46, m_{TL2} = 1.5$$
$$X_{TL1}(0) = 0.6, X_{TL2}(0) = 0.7, m_{TL1} = 1.46 + 10^{-14}, m_{TL2} = 1.5$$
$$X_{TL1}(0) = 0.6, X_{TL2}(0) = 0.7, m_{TL1} = 1.46, m_{TL2} = 1.5 + 10^{-14}$$

图 2.18 所示为"Lena"图像使用以上四种解密密钥情况时的错误解密结果。可见,即便密钥只有微小的差别,解密图像也与明文绝对不同,直方图依旧是随机性的。

图 2.18 四种错误解密结果

(3) 加密图像信息熵分析 此处,执行了该设计加密解密算法的实验以及分析其加密图像图 2.16"Lena"加密图像信息熵。对于加密图像,计算像素灰度

值的信息熵 $H(m)=7.9551$。本算法的信息熵非常接近于理想值8。结果表示，加密图像接近于随机信号源，可以安全抵抗熵攻击。

（4）加密图像相邻像素相关性分析　相邻像素之间的低相关性是优秀加密的另外一个特征。相关系数 r_{xy} 为图像灰度值的一组相邻像素对（ $x_i, y_i, i=1,2, \cdots, N_i$），可以通过式（2.16）计算得出。随机选取"Lena"原始图像和加密图像的4000对水平相邻像素、垂直相邻像素，以及对角相邻像素的相关性，如图2.19所示。显然本算法破坏了相关性的有效性，该图像加密算法有很强的抵抗统计攻击的能力。

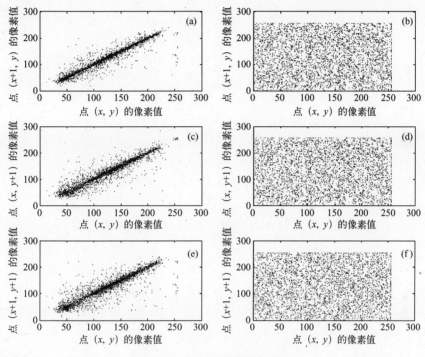

图 2.19　"Lena"图像的相关性

由图中数据可见，原始图像的相邻像素之间有很高的相关性。而加密图像相邻像素之间的相关性几乎可以忽略不计。

2.4　本章小结

本章简要分析了复合混沌映射及两种混沌神经网络模型的动力学状态，绘制了其混沌吸引子分布图，计算 Lyapunov 指数。分别在 2.2 节和 2.3 节介绍了两种基于不同混沌神经网络的图像加密解密算法,并对这两种加密算法进行了安全性能分析。

混沌理论经过近些年的发展,已经取得了很多研究成果,并广泛地应用到通信安全领域。本章提出的两种强健的图像加密解密算法,由复合混沌映射和高阶细胞混沌神经网络产生控制参数,实现图像的置乱和扩散过程。由复合混沌映射以及高阶细胞混沌神经网络保证了算法的复杂性。仿真实验和安全性能分析表明,本章提出的图像加密算法具有较好的统计特性、密钥敏感性等密码学特性。

第三章　量子细胞神经网络混沌同步控制方法的研究

3.1　引　　言

量子点和量子细胞自动机是以库伦作用传递信息的新型纳米级电子器件。与传统技术相比,量子细胞自动机具有超高集成度,超低功耗,无引线集成等优点[77]。近年来,国内外学者以薛定谔方程为基础,运用蔡氏细胞神经网络结构,以量子细胞自动机构造了量子细胞神经网络(QCNN)。由于量子点之间的量子相互作用,QCNN 可以从每个量子细胞自动机的极化率和量子相位获得复杂的线性动力学特征,可用以构造纳米级的超混沌振荡器[78]。

当前,随着信息技术的飞速发展,安全通信方法受到了社会各界的广泛关注。由于混沌系统所具备的对初始条件敏感依赖和长期不可预测性等特征,使其相关技术在图像加密、安全通信领域得到了深入的探索和研究。其中,混沌同步、混沌掩盖、混沌调制、混沌键控、混沌数字码分多路存取已经被广泛用于保密通信方法。由于混沌同步在安全通信、纳米振荡器、生物系统中的巨大应用潜力,使其成为研究和开发的重要课题。自 Pecora 和 Carrol[79]引入一种用于同步不同初始条件的两个相同系统的同步方法起,研究者不断提出各种方法实现混沌同步,包括完整性同步[79]、滞后同步[80]、间歇性滞后同步[81]、时间尺度同步[82]、广义同步[83]、相位同步[84]、投影同步[85]、指数滞后同步[86]、修正投影同步[87]和函数投影同步方法[88-90]。

本章分别利用两个和三个细胞耦合的 QCNN 构成超混沌振荡器。根据 Lyapunol 稳定理论,给出了该超混沌系统的自适应修正函数投影同步规则和参数更新规律。通过数值仿真实验结论表明该通信系统的有效性及安全性。

3.2　两细胞量子细胞神经网络同步控制方法的研究

3.2.1　两细胞耦合的量子细胞神经网络超混沌系统

根据薛定谔方程,第 k 个量子细胞自动机状态方程可表示为[78]

$$\begin{cases} i\hbar \dfrac{\partial}{\partial t}P_k = -2\gamma\sqrt{1-P_k^2}\sin\phi_k \\[3mm] i\hbar \dfrac{\partial}{\partial t}\phi_k = -E_k\overline{P}_k + 2\gamma\dfrac{P_k}{\sqrt{1-P_k^2}}\cos\phi_k \end{cases} \tag{3.1}$$

式中：$\hbar$ 为普朗克常量；γ 为量子点间隧穿能；E_k 为静电损耗；$\overline{P}_k$ 为相邻 QCA 极化率 P_k 的加权代数和；ϕ_k 为 QCA 量子相位。

对于由两个细胞耦合的量子细胞神经网络，可由如下微分方程描述：

$$\begin{cases} \dot{x}_1 = -2\omega_{01}\sqrt{1-x_1^2}\sin x_2 \\[3mm] \dot{x}_2 = -\omega_{02}(x_1-x_3) + 2\omega_{01}\dfrac{x_1}{\sqrt{1-x_1^2}}\cos x_2 \\[3mm] \dot{x}_3 = -2\omega_{03}\sqrt{1-x_3^2}\sin x_4 \\[3mm] \dot{x}_4 = -\omega_{04}(x_3-x_1) + 2\omega_{03}\dfrac{x_3}{\sqrt{1-x_3^2}\cos x_4} \end{cases} \tag{3.2}$$

式中：x_1,x_3 为极化率；x_2,x_4 为量子相位；ω_{01},ω_{03} 为与每个细胞内的点间能量成比例的系数；ω_{02},ω_{04} 为相邻细胞极化率之差的加权影响系数，相当于传统 CNN 中的克隆模板。

当 $\omega_{01}=\omega_{03}=0.28$，$\omega_{02}=0.7$，$\omega_{04}=0.3$ 时，系统为混沌态。其混沌吸引子如图 3.1 所示。

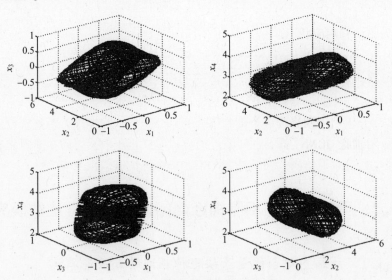

图 3.1　两细胞 QCNN 混沌吸引子

通过计算两细胞 QCNN 系统的 Lyapunov 指数,分析研究其动态行为。当 $\omega_{01}=\omega_{03}=0.28, \omega_{02}=0.7, \omega_{01}\in[0,1]$ 时,四个 Lyapunov 指数分别如图 3.2 所示,可得,当 $\omega_{04}>0.1$ 时,该 QCNN 有两个稳定正的 Lyapunov 指数,为超混沌系统。

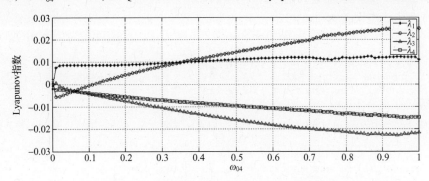

图 3.2 两细胞 QCNN 系统 Lyapunov 指数谱

3.2.2 两细胞量子细胞神经网络自适应修正函数投影同步控制方法

修正函数投影同步驱动系统与响应系统描述如下[90]:

$$\dot{x}=f(t,x) \tag{3.3}$$

$$\dot{y}=g(t,y)+u(t,x,y) \tag{3.4}$$

式中:$x=(x_1(t),x_2(t),\cdots,x_n(t))^T\in R^n$ 和 $y=(y_1(t),y_2(t),\cdots,y_n(t))^T\in R^n$ 分别为驱动和响应状态向量;$f:R^n\to R^n, g:R^n\to R^n$ 为连续非线性向量函数;$u(t,x,y)=(u_1(t),u_2(t),\cdots,u_n(t))^T\in R^n$ 为驱动系统式(3.3)和响应系统式(3.4)之间的同步控制输入。

即若存在比例函数 $\lambda_i(t)$,使得 $\lim\limits_{t\to\infty}(\lambda_i(t)x_i(t)-y_i(t))=0$,则驱动系统和响应系统达到修正函数投影同步。

令两细胞 QCNN 为超混沌系统,式(3.2)为驱动系统,响应系统如下:

$$\begin{cases} \dot{y}_1=-2\omega_{11}\sqrt{1-y_1^2}\sin y_2+u_1 \\[2mm] \dot{y}_2=-\omega_{12}(y_1-y_3)+2\omega_{11}\dfrac{y_i}{\sqrt{1-y_1^2}}\cos y_2+u_2 \\[2mm] \dot{y}_3=-2\omega_{13}\sqrt{1-y_3^2}\sin y_4+u_3 \\[2mm] \dot{y}_4=-\omega_{14}(y_3-y_1)+2\omega_{13}\dfrac{y_3}{\sqrt{1-y_3^2}}\cos y_4+u_4 \end{cases} \tag{3.5}$$

式中:$\omega_{11},\omega_{12},\omega_{13},\omega_{14}$为响应系统需要被估计的未知参数;$u_1,u_2,u_3,u_4$为令两个超混沌系统达到同步的非线性控制器。当$\lim\limits_{t\to\infty}e_i=\lim\limits_{t\to\infty}(\lambda_i(t)x_i(t)-y_i(t))=0,i=1,2,3,4$,则系统达到同步。

系统状态误差为

$$\dot{e}_i=\lambda_i(t)\dot{x}_i-\dot{\lambda}_i(t)x_i-\dot{y}_i,i=1,2,3,4 \tag{3.6}$$

将式(3.2)和式(3.5)代入式(3.6),得系统动态误差:

$$
\begin{cases}
\dot{e}_1=-2\lambda_1\omega_{01}\sqrt{1-x_1^2}\sin x_2+\dot{\lambda}_1x_1+2\omega_{11}\sqrt{1-y_1^2}\sin y_2-u_1 \\[2mm]
\dot{e}_2=\lambda_2\left[-\omega_{02}(x_1-x_3)+2\omega_{01}\dfrac{x_1}{\sqrt{1-x_1^2}}\cos x_2\right]+\dot{\lambda}_2x_2+\omega_{12}(y_1-y_3)-2\omega_{11}\dfrac{y_1}{\sqrt{1-y_1^2}}\cos y_2-u_2 \\[3mm]
\dot{e}_3=-\lambda_3\omega_{03}\sqrt{1-x_3^2}\sin x_4+\dot{\lambda}_3(t)x_3+2\omega_{13}\sqrt{1-y_3^2}\sin y_4-u_3 \\[2mm]
\dot{e}_4=\lambda_4\left[-\omega_{04}(x_3-x_1)+2\omega_{03}\dfrac{x_3}{\sqrt{1-x_3^2}}\cos x_4\right]+\dot{\lambda}_4x_4+\omega_{14}(y_3-y_1)-2\omega_{13}\dfrac{y_3}{\sqrt{1-y_3^2}}\cos y_4-u_4
\end{cases}
\tag{3.7}
$$

为将系统误差变量稳定于原点,我们设计了以下系统控制规则$u_i(i=1,2,3,4)$:

$$
\begin{cases}
u_1=-2\lambda_1\omega_{01}\sqrt{1-x_1^2}\sin x_2+\dot{\lambda}_1x_1+2\omega_{11}\sqrt{1-y_1^2}\sin y_2-k_1e_1 \\[2mm]
u_2=-\omega_{02}\lambda_2(x_1-x_3)+2\omega_{01}\lambda_2\dfrac{x_1}{\sqrt{1-x_1^2}}\cos x_2+\dot{\lambda}_2x_2+\omega_{12}(y_1-y_3)-2\omega_{11}\dfrac{y_1}{\sqrt{1-y_1^2}}\cos y_2-k_2e_2 \\[3mm]
u_3=-2\lambda_3\omega_{03}\sqrt{1-x_3^2}\sin x_4+\dot{\lambda}_3(t)x_3+2\omega_{13}\sqrt{1-y_3^2}\sin y_4-k_3e_3 \\[2mm]
u_4=-\omega_{04}\lambda_4(x_3-x_1)+2\omega_{03}\lambda_4\dfrac{x_3}{\sqrt{1-x_3^2}}\cos x_4+\dot{\lambda}_4x_4+\omega_{14}(y_3-y_1)-2\omega_{13}\dfrac{y_3}{\sqrt{1-y_3^2}}\cos y_4-k_4e_4
\end{cases}
\tag{3.8}
$$

和以下四个参数更新规律$\omega_{11},\omega_{12},\omega_{13},\omega_{14}$:

$$
\begin{cases}
\dot{\omega}_{11}=-2\lambda_1\sqrt{1-x_1^2}\sin x_2e_1+2\lambda_2\dfrac{x_1}{\sqrt{1-x_1^2}}\cos x_2e_2-k_5e_a \\[3mm]
\dot{\omega}_{12}=-\lambda_2(x_1-x_3)e_2-k_6e_b \\[2mm]
\dot{\omega}_{13}=-2\lambda_3\sqrt{1-x_3^2}\sin x_4e_3+2\lambda_4\dfrac{x_3}{\sqrt{1-x_3^2}}\cos x_4e_4-k_7e_c \\[3mm]
\dot{\omega}_{14}=-\lambda_4(x_3-x_1)e_4-k_8e_d
\end{cases}
\tag{3.9}
$$

式中:$k_i>0(i=1,2,3,\cdots,8)$;$e_a=\omega_{11}-\omega_{01}$;$e_b=\omega_{12}-\omega_{02}$;$e_c=\omega_{13}-\omega_{03}$;$e_d=\omega_{14}-\omega_{04}$。

定理:对于给定的非零比例函数 $\lambda_i(t)$ $(i=1,2,3,4)$,当满足 $\lim\limits_{t\to\infty}e_i=0$ $(i=1,2,3,4)$ 时,驱动系统(3.2)与响应系统(3.5)通过控制规则(3.8)和参数更新规律(3.9)达到修正函数投影同步。

证明:选择以下 Lyapunov 函数:

$$V=\frac{1}{2}(e_1^2+e_2^2+e_3^2+e_4^2+e_a^2+e_b^2+e_c^2+e_d^2)$$

在时间域对 V 求导:

$$\dot{V}=(e_1\dot{e}_1+e_2\dot{e}_2+e_3\dot{e}_3+e_4\dot{e}_4+e_a\dot{e}_a+e_b\dot{e}_b+e_c\dot{e}_c+e_d\dot{e}_d)$$

$$\dot{V}=e_1\left[-2(\omega_{11}-\omega_{01})\lambda_1\sqrt{1-x_1^2}\sin x_2-k_1e_1\right]+$$

$$e_2\left[-(\omega_{12}-\omega_{02})\lambda_2(x_1-x_3)+2(\omega_{11}-\omega_{01})\lambda_2\frac{x_1}{\sqrt{1-x_4^2}}\cos x_2-k_2e_2\right]+$$

$$e_3\left[-2(\omega_{13}-\omega_{03})\lambda_3\sqrt{1-x_3^2}\sin x_4-k_3e_3\right]+$$

$$e_4\left[-(\omega_{14}-\omega_{04})\lambda_4(x_3-x_1)+2(2_{13}-\omega_{03})\lambda_4\frac{x_3}{\sqrt{1-x_3^2}}\cos x_4-k_4e_4\right]+$$

$$e_a\left[-2\lambda_1\sqrt{1-x_1^2}\sin x_2e_1+2\lambda_2\frac{x_1}{\sqrt{1-x_1^2}}\cos x_2e_2-k_5e_a\right]+$$

$$e_b\left[-\lambda_2(x_1-x_3)e_2-k_6e_b\right]+$$

$$e_c\left[-2\lambda_3\sqrt{1-x_3^2}\sin x_4e_3+2\lambda_4\frac{x_3}{\sqrt{1-x_3^2}}\cos x_4e_4-k_7e_c\right]+$$

$$e_d\left[-\lambda_4(x_3-x_1)e_4+k_8e_d\right]$$

$$=-k_1e_1^2-k_2e_1^2-k_3e_3^2-k_4e_4^2-k_5e_a^2-k_6e_b^2-k_7e_c^2-k_8e_d^2$$

$$=-e^TKe$$

式中:$e=(e_1,e_2,e_3,e_4,e_a,e_b,e_c,e_d)^T$;$K=diag(k_1,k_2,k_3,k_4,k_5,k_6,k_7,k_8)^T$。由于 $\dot{V}\leqslant0$,当 $t\to\infty$,则 $e_1,e_2,e_3,e_4,e_a,e_b,e_c,e_d\to0$。即 $\lim\limits_{t\to\infty}\|e\|=0$,得证。

3.2.3 数值仿真

数值仿真结论证明了该同步方法的有效性,由四阶 Runge-Kutta 求解微分方程组式(3.2),式(3.5) 和式(3.7),时间步长为 0.1。当参数 $\omega_{01}=18.94$,$\omega_{02}=11.63$,$\omega_{03}=14.57$,$\omega_{04}=9.02$ 时,系统处于超混沌态。驱动系统的初始条件为 $x_1(0)=0.55$,$x_2(0)=-0.1$,$x_3(0)=-0.4$,$x_4(0)=0.5$,响应系统的初始条件为 $y_1(0)=-0.6$,$y_2(0)=0.25$,$y_3(0)=0.5$,$y_4(0)=0.3$。

需被估计的参数初始值选择为 $\omega_{11}=2,\omega_{12}=0,\omega_{13}=15,\omega_{14}=9$,比例函数设为 $\lambda_1(t)=0.5+0.1\sin(t),\lambda_2(t)=1+0.1\sin(t+1.5),\lambda_3(t)=0.5+0.1\cos(t),$ $\lambda_4(t)=1+0.1\cos(t+1)$。此外,设控制增益为 $(k_1,k_2,k_3,k_4,k_5,k_6,k_7,k_8)=(2,2,2,2,2,2,2,2)$。由仿真结果图 3.3 和图 3.4 所示,误差变量 e_1,e_2,e_3,e_4 趋于 0,未知的控制参数分别趋于 $\omega_{11}\rightarrow18.94,\omega_{12}\rightarrow11.63,\omega_{13}\rightarrow14.57,\omega_{14}\rightarrow9.02$。

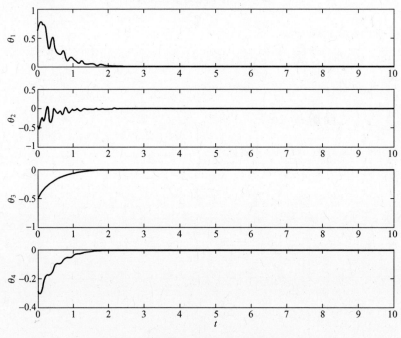

图 3.3　响应系统与驱动系统的误差信号

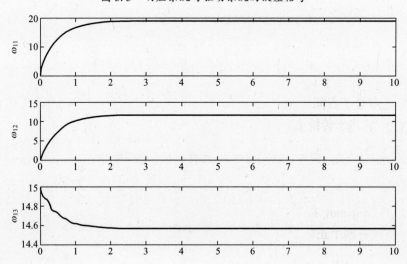

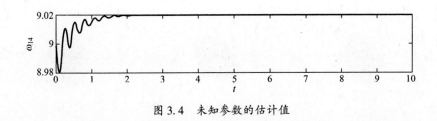

图 3.4 未知参数的估计值

3.3 三细胞量子细胞神经网络同步控制方法的研究

3.3.1 三细胞耦合的量子细胞神经网络超混沌系统

根据薛定谔方程,第 k 个 QCA 的状态方程定义为式(3.1)。

由三个细胞耦合的 QCNN 状态方程可表示为

$$\begin{cases}
\dot{x}_1 = -2\omega_{01}\sqrt{1-x_1^2}\sin x_2 \\[2mm]
\dot{x}_2 = -\omega_{02}(x_1-x_3-x_5)+2\omega_{01}\dfrac{x_1}{\sqrt{1-x_1^2}}\cos x_2 \\[2mm]
\dot{x}_3 = -2\omega_{03}\sqrt{1-x_3^2}\sin x_4 \\[2mm]
\dot{x}_4 = -\omega_{04}(x_3-x_1-x_5)+2\omega_{03}\dfrac{x_3}{\sqrt{1-x_3^2}}\cos x_4 \\[2mm]
\dot{x}_5 = -2\omega_{05}\sqrt{1-x_5^2}\sin x_6 \\[2mm]
\dot{x}_6 = -\omega_{06}(x_5-x_1-x_3)+2\omega_{05}\dfrac{x_5}{\sqrt{1-x_5^2}}\cos x_6
\end{cases} \tag{3.10}$$

式中:以极化率 x_1,x_3,x_5 和量子相位 x_2,x_4,x_6 作为状态变量;$\omega_{01},\omega_{03},\omega_{05}$ 与每个细胞内量子点间能量成正比;$\omega_{02},\omega_{04},\omega_{06}$ 表示相邻细胞极化率之差的加权影响系数,相当于传统 CNN 的克隆模板。

当 $\omega_{01}=\omega_{03}=\omega_{05}=0.28,\omega_{02}=0.5,\omega_{04}=0.2,\omega_{06}=0.3$ 时,系统呈现超混沌态。其超混沌吸引子如图 3.5 所示。

当 $\omega_{01}=\omega_{03}=\omega_{05}=0.28,\omega_{02}=0.5,\omega_{04}=0.2$,并且 $\omega_{06}\in[0,1]$ 时,计算系统(3.10)的 Lyapunov 指数,结果如图 3.6 所示,当 $\omega_{06}>0.28$,该三细胞耦合的 QCNN 系统有四个正的 Lyapunov 指数,即为超混沌系统。

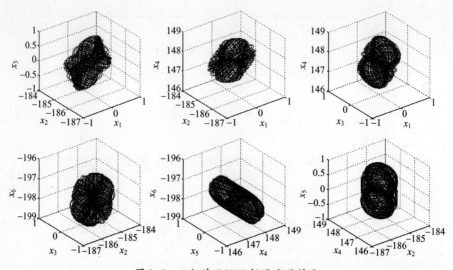

图 3.5 三细胞 QCNN 超混沌吸引子

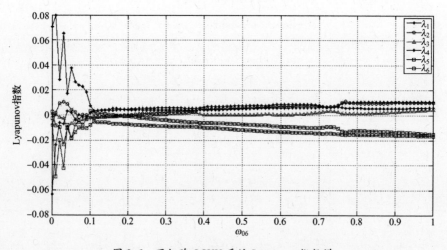

图 3.6 两细胞 QCNN 系统 Lyapunov 指数谱

3.3.2 三细胞量子细胞神经网络自适应修正函数投影同步控制方法

应用式(3.3)和式(3.4)所述函数投影同步方法。

令三细胞 QCNN 为超混沌系统,驱动系统如式(3.10)所示,响应系统如式(3.11)所示:

$$\begin{cases} \dot{y}_1 = -2\omega_{11}\sqrt{1-y_1^2}\sin y_2 + u_1 \\[2mm] \dot{y}_2 = -\omega_{12}(y_1-y_3-y_5)+2\omega_{11}\dfrac{y_1}{\sqrt{1-y_1^2}}\cos y_2 + u_2 \\[2mm] \dot{y}_3 = -2\omega_{13}\sqrt{1-y_3^2}\sin y_4 + u_3 \\[2mm] \dot{y}_4 = -\omega_{14}(y_3-y_1-y_5)+2\omega_{13}\dfrac{y_3}{\sqrt{1-y_2}}\cos y_4 + u_4 \\[2mm] \dot{y}_5 = -2\omega_{15}\sqrt{1-y_5^2}\sin y_6 + u_5 \\[2mm] \dot{y}_6 = -\omega_{16}(y_5-y_1-y_3)+2\omega_{15}\dfrac{y_5}{\sqrt{1-y_5^2}}\cos y_6 + u_6 \end{cases} \qquad (3.11)$$

式中:$\omega_{11},\omega_{12},\omega_{13},\omega_{14},\omega_{15},\omega_{16}$为需要被估计的响应系统参数;$u_1,u_2,u_3,u_4,$ u_5,u_6为非线性控制器。当满足式(3.12)条件时,该控制器可以令两个超混沌系统达到同步。

$$\lim_{t\to\infty}\|e_i\| = \lim_{t\to\infty}\|y_i-\alpha(t)x_i\|=0,i=1,2,3,4,5,6 \qquad (3.12)$$

式中:$\alpha(t)$为缩放函数。

误差的状态方程表示为

$$\dot{e}_i = \dot{y}_i-\alpha(t)\dot{x}_i-\dot{\alpha}(t)x_i,i=1,2,3,4,5,6 \qquad (3.13)$$

将式(3.10)和式(3.11)入式(3.13),可得动态系统误差:

$$\begin{cases} \dot{e}_1 = -2\omega_{11}\sqrt{1-y_1^2}\sin y_2+u_1-\alpha(t)(-2\omega_{01}\sqrt{1-x_1^2}\sin x_2)-\dot{\alpha}(t)x_1 \\[2mm] \dot{e}_2 = -\omega_{12}(y_1-y_3-y_5)+2\omega_{11}\dfrac{y_1}{\sqrt{1-y_1^2}}\cos y_2+u_2- \\[4mm] \qquad \alpha(t)\left[-\omega_{02}(x_1-x_3-x_5)+2\omega_{01}\dfrac{x_1}{1-x_1^2}\cos x_2\right]-\dot{\alpha}(t)x_2 \\[4mm] \dot{e}_3 = -2\omega_{13}\sqrt{1-y_3^2}\sin y_4+u_3-\alpha(t)(-2\omega_{03}\sqrt{1-x_3^2}\sin x_4)-\dot{\alpha}(t)x_3 \\[2mm] \dot{e}_4 = -\omega_{14}(y_3-y_1-y_5)+2\omega_{13}\dfrac{y_3}{\sqrt{1-y_3^2}}\cos y_4+u_4- \\[4mm] \qquad \alpha(t)\left[-\omega_{04}(x_3-x_1-x_5)+2\omega_{03}\dfrac{x_3}{1-x_3^2}\cos x_4\right]-\dot{\alpha}(t)x_4 \\[4mm] \dot{e}_5 = -2\omega_{15}\sqrt{1-y_5^2}\sin y_6+u_5-\alpha(t)(-2\omega_{05}\sqrt{1-x_5^2}\sin x_6)-\dot{\alpha}(t)x_5 \end{cases}$$

$$
\begin{cases}
\dot{e}_6 = -\omega_{16}(y_5 - y_1 - y_3) + 2\omega_{15}\dfrac{y_5}{\sqrt{1 - y_5^2}}\cos y_6 + u_6 - \\
\qquad \alpha(t)\left[-\omega_{06}(x_5 - x_1 - x_3) + 2\omega_{05}\dfrac{x_5}{\sqrt{1 - x_5^2}}\cos x_6\right] - \dot{\alpha}(t)x_6
\end{cases}
\tag{3.14}
$$

设计以下控制规则 $u_i(i = 1, 2, 3, 4, 5, 6)$ 及不确定的六个参数的变化规律 $\omega_{11}, \omega_{12}, \omega_{13}, \omega_{14}, \omega_{15}, \omega_{16}$，令系统误差变量渐进稳定于零。

$$
\begin{cases}
u_1 = 2\omega_{11}\left[\sqrt{1 - y_1^2}\sin y_2 - \alpha(t)\sqrt{1 - x_1^2}\sin x_2\right] + \dot{\alpha}(t)x_1 - k_1 e_1 \\
u_2 = \omega_{12}\left[(y_1 - y_3 - y_5) - \alpha(t)(x_1 - x_3 - x_5)\right]^2 - \\
\qquad 2\omega_{11}\left[\dfrac{y_1}{\sqrt{1 - y_1^2}}\cos y_2 - \alpha(t)\dfrac{x_1}{\sqrt{1 - x_1^2}}\cos x_2\right] + \dot{\alpha}(t)x_2 - k_2 e_2 \\
u_3 = 2\omega_{13}\left[\sqrt{1 - y_3^2}\sin y_4 - \alpha(t)\sqrt{1 - x_3^2}\sin x_4\right] + \dot{\alpha}(t)x_3 - k_3 e_3 \\
u_4 = \omega_{14}\left[(y_3 - y_1 - y_5) - \alpha(t)(x_3 - x_1 - x_5)\right] - \\
\qquad 2\omega_{13}\left[\dfrac{y_3}{\sqrt{1 - y_3^2}}\cos y_4 - \alpha(t)\dfrac{x_3}{\sqrt{1 - x_3^2}}\cos x_4\right] + \dot{\alpha}(t)x_4 - k_4 e_4 \\
u_5 = 2\omega_{15}\left[\sqrt{1 - y_5^2}\sin y_6 - \alpha(t)\sqrt{1 - x_5^2}\sin x_6\right] + \dot{\alpha}(t)x_5 - k_5 e_5 \\
u_6 = \omega_{16}\left[(y_5 - y_1 - y_3) - \alpha(t)(x_5 - x_1 - x_3)\right] - \\
\qquad 2\omega_{15}\left[\dfrac{y_5}{\sqrt{1 - y_5^2}}\cos y_6 - \alpha(t)\dfrac{x_5}{\sqrt{1 - x_5^2}}\cos x_6\right] + \dot{\alpha}(t)x_6 - k_6 e_6
\end{cases}
\tag{3.15}
$$

系统需要被估计的控制参数：

$$
\begin{cases}
\dot{\omega}_{11} = 2\alpha(t)\sqrt{1 - x_1^2}\sin x_2 e_1 - 2\alpha(t)\dfrac{x_1}{\sqrt{1 - x_1^2}}\cos x_2 e_2 - k_7 e_a \\
\dot{\omega}_{12} = \alpha(t)(x_1 - x_3 - x_5)e_2 - k_8 e_b \\
\dot{\omega}_{13} = 2\alpha(t)\sqrt{1 - x_3^2}\sin x_4 e_3 - 2\alpha(t)\dfrac{x_3}{\sqrt{1 - x_3^2}}\cos x_4 e_4 - k_9 e_c \\
\dot{\omega}_{14} = \alpha(t)(x_3 - x_1 - x_5)e_4 - k_{10} e_d \\
\dot{\omega}_{15} = 2\alpha(t)\sqrt{1 - x_5^2}\sin x_6 e_5 - 2\alpha(t)\dfrac{x_5}{\sqrt{1 - x_5^2}}\cos x_6 e_6 - k_{11} e_e \\
\dot{\omega}_{16} = \alpha(t)(x_5 - x_1 - x_3)e_6 - k_{12} e_f
\end{cases}
\tag{3.16}
$$

此处 $k_i > 0(i = 1, 2, 3, \cdots, 12)$，$e_a = \omega_{11} - \omega_{01}$，$e_b = \omega_{12} - \omega_{02}$，$e_c = \omega_{13} - \omega_{03}$，$e_d = \omega_{14} -$

ω_{04}，$e_e = \omega_{15} - \omega_{05}$，$e_f = \omega_{16} - \omega_{06}$。

定理：对于给定非零比例函数因子 $\alpha(t)$，驱动系统(3.10)和响应系统(3.11)之间通过控制规则(3.15)和参数变化规律(3.16)达到修正函数投影同步。

证明：选择如下 Lyapunov 函数

$$V = \frac{1}{2}(e_1^2 + e_2^2 + e_3^2 + e_4^2 + e_5^2 + e_6^2 + e_a^2 + e_b^2 + e_c^2 + e_d^2 + e_e^2 + e_f^2)$$

将系统误差(3.14)代入上式，V 对时间求导得

$$\dot{V} = (e_1\dot{e}_1 + e_2\dot{e}_2 + e_3\dot{e}_3 + e_4\dot{e}_4 + e_5\dot{e}_5 + e_6\dot{e}_6 + e_a\dot{e}_a + e_b\dot{e}_b + e_c\dot{e}_c + e_d\dot{e}_d + e_e\dot{e}_e + e_f\dot{e}_f)$$

$$\dot{V} = e_1\left[-2(\omega_{11}-\omega_{01})\alpha(t)\sqrt{1-x_1^2}\sin x_2 - k_1 e_1\right] +$$

$$e_2\left[-(\omega_{12}-\omega_{02})\alpha(t)(x_1-x_3-x_5) + 2(\omega_{11}-\omega_{01})\alpha(t)\frac{x_1}{\sqrt{1-x_1^2}}\cos x_2 - k_2 e_2\right] +$$

$$e_3\left[-2(\omega_{13}-\omega_{03})\alpha(t)\sqrt{1-x_3^2}\sin x_4 - k_3 e_3\right] +$$

$$e_4\left[-(\omega_{14}-\omega_{04})\alpha(t)(x_3-x_1-x_5) + 2(\omega_{13}-\omega_{03})\alpha(t)\frac{x_3}{\sqrt{1-x_3^2}}\cos x_4 - k_4 e_4\right] +$$

$$e_5\left[-2(\omega_{15}-\omega_{05})\alpha(t)\sqrt{1-x_5^2}\sin x_6 - k_5 e_5\right] +$$

$$e_6\left[-(\omega_{16}-\omega_{06})\alpha(t)(x_5-x_1-x_3) + 2(\omega_{15}-\omega_{05})\alpha(t)\frac{x_5}{\sqrt{1-x_5^2}}\cos x_6 - k_6 e_6\right] +$$

$$e_a\left[2\alpha(t)\sqrt{1-x_1^2}\sin x_2 e_1 - 2\alpha(t)\frac{x_1}{\sqrt{1-x_1^2}}\cos x_2 e_2 - k_7 e_a\right] +$$

$$e_b\left[\alpha(t)(x_1-x_3-x_5)e_2 - k_8 e_b\right] +$$

$$e_c\left[2\alpha(t)\sqrt{1-x_3^2}\sin x_4 e_3 - 2\alpha(t)\frac{x_3}{\sqrt{1-x_3^2}}\cos x_4 e_4 - k_9 e_c\right] +$$

$$e_d\left[\alpha(t)(x_3-x_1-x_5)e_4 - k_{10} e_d\right] +$$

$$e_e\left[2\alpha(t)\sqrt{1-x_5^2}\sin x_6 e_5 - 2\alpha(t)\frac{x_5}{\sqrt{1-x_5^2}}\cos x_6 e_6 - k_{11} e_e\right] +$$

$$e_f\left[\alpha(t)(x_5-x_1-x_3)e_6 - k_{12} e_f\right]$$

$$= -k_1 e_1^2 - k_2 e_2^2 - k_3 e_3^2 - k_4 e_4^2 - k_5 e_5^2 - k_6 e_6^2 - k_7 e_a^2 - k_8 e_b^2 - k_9 e_c^2 - k_{10} e_d^2 - k_{11} e_e^2 - k_{12} e_f^2$$

$$= -e^T K e$$

式中：$e = (e_1, e_2, e_3, e_4, e_5, e_6, e_a, e_b, e_c, e_d, e_e, e_f)^T$；$K = diag(k_1, k_2, k_3, k_4, k_5, k_6, k_7, k_8, k_9, k_{10}, k_{11}, k_{12})^T$。

由于 $\dot{V} \leqslant 0$，得当 $t \to \infty$ 时，$e_1, e_2, e_3, e_4, e_5, e_6, e_a, e_b, e_c, e_d, e_e, e_f \to 0$，即 $\lim\limits_{t \to \infty} \| e \| =$

0,证毕。

数值仿真结论表明了该同步方法的有效性。此处同步方法使用 4 阶 Runge －Kutta 方法求解系统(3.10),(3.11)和(3.14)微分方程组,时间步长设为 0.1。

设控制参数为 $\omega_{01}=0.28,\omega_{02}=0.4,\omega_{03}=0.28,\omega_{04}=0.35,\omega_{05}=0.28,\omega_{06}=0.25$,此时三细胞 QCNN 系统存在混沌行为。

驱动系统的初始状态为

$x_1(0)=0.1901,x_2(0)=-184.3,x_3(0)=0.123,x_4(0)=-147.32,x_5(0)=0.113,x_6(0)=-197.85$。

响应系统的初始状态设为

$y_1(0)=0.3,y_2(0)=-100,y_3(0)=0.5,y_4(0)=-140,y_5(0)=0.2,y_6(0)=-199$。

被估计参数的初始值设为

$\omega_{11}=0.5,\omega_{12}=0.6,\omega_{13}=0.4,\omega_{14}=0.7,\omega_{15}=0.7,\omega_{16}=0.5$。

缩放函数为 $\alpha(t)=0.5+0.1\sin(t)$。

控制增益为 $(k_1,k_2,k_3,k_4,k_5,k_6,k_7,k_8,k_9,k_{10},k_{11},k_{12})=(0.5,0.5,0.5,0.5,0.5,0.5,0.5,0.5,0.5,0.5,0.5,0.5)$。

仿真结果如图 3.7 和图 3.8 所示,其中图 3.7 展示了当 $t\to\infty$ 时系统误差 e_1,e_2,e_3,e_4,e_5,e_6 逐步趋于 0 的过程,图 3.8 为 $t\to\infty$ 时不确定参数渐进等于 $\omega_{01}=0.28,\omega_{02}=0.4,\omega_{03}=0.28,\omega_{04}=0.35,\omega_{05}=0.28,\omega_{06}=0.25$ 的变化情况。

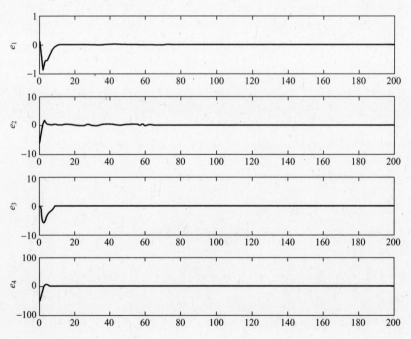

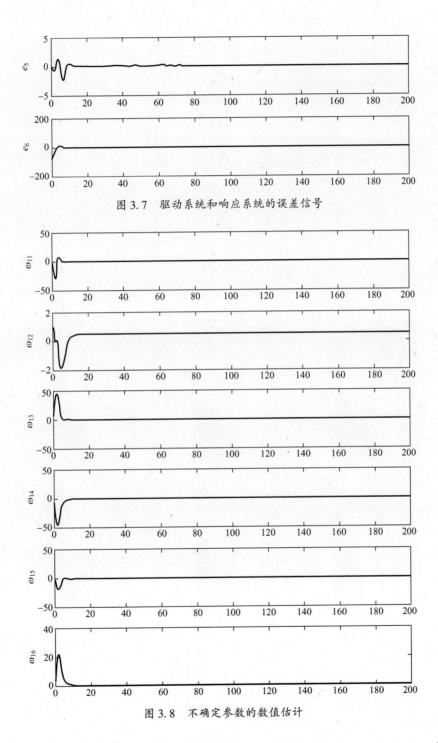

图 3.7 驱动系统和响应系统的误差信号

图 3.8 不确定参数的数值估计

3.3.3 三细胞量子细胞神经网络与6阶细胞神经网络的同步控制方法

应用式(3.3)和式(3.4)所述函数投影同步方法。

此处以2.2节中描述的6阶细胞神经网络超混沌系统为驱动系统,以如下方程表示:

$$\begin{cases} \dot{x}_1 = -x_3 - x_4 \\ \dot{x}_2 = 2x_2 + x_3 \\ \dot{x}_3 = 14x_1 - 14x_2 \\ \dot{x}_4 = 100x_1 - 100x_4 + 200p_4 \\ \dot{x}_5 = 18x_2 + x_1 - x_5 \\ \dot{x}_6 = 4x_5 - 4x_6 + 100x_2 \end{cases} \quad (3.17)$$

式中:$p_4 = 0.5(\,|\,x_4 + 1\,|\, - \,|\,x_4 - 1\,|\,)$。

以上6阶CNN系统的部分超混沌吸引子如图3.9所示。

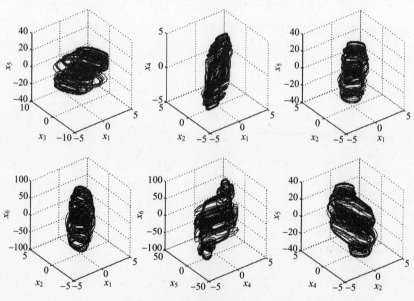

图3.9 6阶CNN超混沌吸引子

我们以三细胞量子细胞神经网络构成混沌振荡器,其状态方程如式(3.10)。由式(3.18)所示系统作为响应系统。

$$\begin{cases} \dot{y}_1 = -2\omega_{11}\sqrt{1-y_1^2}\,\sin y_2 + u_1 \\[2mm] \dot{y}_2 = -\omega_{12}(y_1-y_3-y_5) + 2\omega_{11}\dfrac{y_1}{\sqrt{1-y_1^2}}\cos y_2 + u_2 \\[2mm] \dot{y}_3 = -2\omega_{13}\sqrt{1-y_3^2}\,\sin y_4 + u_3 \\[2mm] \dot{y}_4 = -\omega_{14}(y_3-y_1-y_5) + 2\omega_{13}\dfrac{y_3}{\sqrt{1-y_3^2}}\cos y_4 + u_4 \\[2mm] \dot{y}_5 = 2\omega_{15}\sqrt{1-y_5^2}\,\sin y_6 + u_5 \\[2mm] \dot{y}_6 = -\omega_{16}(y_5-y_1-y_3) + 2\omega_{15}\dfrac{y_5}{\sqrt{1-y_5^2}}\cos y_6 + u_6 \end{cases} \tag{3.18}$$

式中：$\omega_{11},\omega_{12},\omega_{13},\omega_{14},\omega_{15},\omega_{16}$ 为需要被估计的系统参数；$u_1,u_2,u_3,u_4,u_5,$ u_6 为满足式(3.19)，令两个不同的超混沌系统达到同步的非线性控制器。

$$\lim_{t\to\infty}\|e_i\| = \lim_{t\to\infty}\|y_i - \alpha(t)x_i\| = 0, \quad i=1,2,3,4,5,6 \tag{3.19}$$

式中：$\alpha(t)$ 为比例函数。

误差的状态方程为

$$\dot{e}_i = \dot{y}_i - \alpha(t)\dot{x}_i - \dot{\alpha}(t)x_i, \quad i=1,2,3,4,5,6 \tag{3.20}$$

将式(3.17)和式(3.18)代入到式(3.20)中，可得到误差动态系统：

$$\begin{cases} \dot{e}_1 = -2\omega_{11}\sqrt{1-y_1^2}\,\sin y_2 + u_1 - \alpha(t)(-x_3-x_4) - \dot{\alpha}(t)x_1 \\[2mm] \dot{e}_2 = -\omega_{12}(y_1-y_3-y_5) + 2\omega_{11}\dfrac{y_1}{\sqrt{1-y_1^2}}\cos y_2 - u_2 - \alpha(t)(2x_2+x_3) - \dot{\alpha}(t)x_2 \\[2mm] \dot{e}_3 = -2\omega_{13}\sqrt{1-y_3^2}\,\sin y_4 + u_3 - \alpha(t)(14x_1-14x_2) - \dot{\alpha}(t)x_3 \\[2mm] \dot{e}_4 = -\omega_{14}(y_3-y_1-y_5) + 2\omega_{13}\dfrac{y_3}{\sqrt{1-y_3^2}}\cos y_4 + u_4 - \alpha(t)(100x_1-100x_4+200p_4) - \dot{\alpha}(t)x_4 \\[2mm] \dot{e}_5 = -2\omega_{15}\sqrt{1-y_5^2}\,\sin y_6 + u_5 - \alpha(t)(18x_2+x_1-x_5) - \dot{\alpha}(t)x_5 \\[2mm] \dot{e}_6 = -\omega_{16}(y_5-y_1-y_3) + 2\omega_{15}\dfrac{y_5}{\sqrt{1-y_5^2}}\cos y_6 + u_6 - \alpha(t)(4x_5-4x_6+100x_2) - \dot{\alpha}(t)x_6 \end{cases}$$

$$\tag{3.21}$$

这里我们设计控制规则 $u_i(i=1,2,3,4,5,6)$ 使系统的误差变化稳定于原点。提出以下系统控制规则和参数变化规律。

$$\begin{cases}
u_1 = 2\omega_{01}\sqrt{1-y_1^2}\sin y_2 + \alpha(t)(-x_3-x_4) + \dot{\alpha}(t)x_1 - k_1e_1 \\
u_2 = \omega_{02}(y_1-y_3-y_5) - 2\omega_{01}\dfrac{y_1}{\sqrt{1-y_1^2}}\cos y_2 + \alpha(t)(2x_2+x_3) + \dot{\alpha}(t)x_2 - k_2e_2 \\
u_3 = 2\omega_{03}\sqrt{1-y_3^2}\sin y_4 + \alpha(t)(14x_1-14x_2) + \dot{\alpha}(t)x_3 - k_3e_3 \\
u_4 = \omega_{04}(y_3-y_1-y_5) - 2\omega_{03}\dfrac{y_3}{\sqrt{1-y_3^2}}\cos y_4 + \alpha(t)(100x_1-100x_4+200p_4) + \dot{\alpha}(t)x_4 - k_4e_4 \\
u_5 = 2\omega_{05}\sqrt{1-y_5^2}\sin y_6 + \alpha(t)(18x_2+x_1-x_5) + \dot{\alpha}(t)x_5 - k_5e_5 \\
u_6 = \omega_{06}(y_5-y_1-y_3) - 2\omega_{05}\dfrac{y_5}{\sqrt{1-y_5^2}}\cos y_6 + \alpha(t)(4x_5-4x_6+100x_2) + \dot{\alpha}(t)x_6 - k_6e_6
\end{cases}$$

$$(3.22)$$

$$\begin{cases}
\dot{\omega}_{11} = 2\sqrt{1-y_1^2}\sin y_2 e_1 - 2\dfrac{y_1}{\sqrt{1-y_1^2}}\cos y_2 e_2 k_7 e_a \\
\dot{\omega}_{12} = (y_1-y_3-y_5)e_2 - k_8e_b \\
\dot{\omega}_{13} = 2\sqrt{1-y_3^2}\sin y_4 e_3 - 2\dfrac{y_3}{\sqrt{1-y_3^2}}\cos y_4 e_4 - k_9e_c \\
\dot{\omega}_{14} = (y_3-y_1-y_5)e_4 - k_{10}e_d \\
\dot{\omega}_{15} = 2\sqrt{1-y_5^2}\sin y_6 e_5 - 2\dfrac{y_5}{\sqrt{1-y_5^2}}\cos y_6 e_6 - k_{11}e_e \\
\dot{\omega}_{16} = (y_5-y_1-y_3)e_6 - k_{12}e_f
\end{cases}$$

$$(3.23)$$

式中：$k_i>0(i=1,2,3,\cdots,12)$，$e_a=\omega_{11}-\omega_{01}$，$e_b=\omega_{12}-\omega_{02}$，$e_c=\omega_{13}-\omega_{03}$，$e_d=\omega_{14}-\omega_{04}$，$e_e=\omega_{15}-\omega_{05}$，$e_f=\omega_{16}-\omega_{06}$。

定理：对于给定非零比例函数因子 $\alpha(t)$，驱动系统（3.17）和响应系统（3.18）之间通过控制规则（3.22）和参数变化规律（3.23）达到修正函数投影同步。

证明：选择如下 Lyapunov 函数

$$V = \frac{1}{2}(e_1^2+e_2^2+e_3^2+e_4^2+e_5^2+e_6^2+e_a^2+e_b^2+e_c^2+e_d^2+e_e^2+e_f^2)$$

将系统误差（3.21）代入上式，V 对时间求导得

$$\dot{V} = (e_1\dot{e}_1+e_2\dot{e}_2+e_3\dot{e}_3+e_4\dot{e}_4+e_5\dot{e}_5+e_6\dot{e}_6+e_a\dot{e}_a+e_b\dot{e}_b+e_c\dot{e}_c+e_d\dot{e}_d+e_e\dot{e}_e+e_f\dot{e}_f)$$

$$\dot{V} = e_1\lfloor -2\omega_{11}\sqrt{1-y_1^2}\sin y_2 + u_1 - \alpha(t)(-x_3-x_4) - \dot{\alpha}(t)x_1\rfloor +$$

44

$$e_2\left[-\omega_{12}(y_1-y_3-y_5)+2\omega_{11}\frac{y_1}{\sqrt{1-y_1^2}}\cos y_2+u_2-\alpha(t)(2x_2+x_3)-\dot{\alpha}(t)x_2\right]+$$

$$e_3\left[-2\omega_{13}\sqrt{1-y_3^2}\sin y_4+u_3-\alpha(t)(14x_1-14x_2)-\dot{\alpha}(t)x_3\right]+$$

$$e_4\left[-\omega_{14}(y_3-y_1-y_5)+2\omega_{13}\frac{y_3}{\sqrt{1-y_3^2}}\cos y_4+u_4-\alpha(t)(100x_1-100x_4+200p_4)-\dot{\alpha}(t)x_4\right]+$$

$$e_5\left[-2\omega_{15}\sqrt{1-y_5^2}\sin y_6+u_5-a(t)(18x_2+x_1-x_5)-\dot{\alpha}(t)x_5\right]$$

$$e_6\left[-\omega_{16}(y_5-y_1-y_3)+2\omega_{15}\frac{y_5}{\sqrt{1-y_5^2}}\cos y_6+u_6-\alpha(t)(4x_5-4x_6+100x_2)-\dot{\alpha}(t)x_6\right]+$$

$$e_a\left[2\sqrt{1-y_1^2}\sin y_2 e_1-2\frac{y_1}{\sqrt{1-y_1^2}}\cos y_2 e_2-k_7 e_a\right]+$$

$$e_b\left[(y_1-y_3-y_5)e_2-k_8 e_b\right]+$$

$$e_c\left[2\sqrt{1-y_3^2}\sin y_4 e_3-2\frac{y_3}{\sqrt{1-y_3^2}}\cos y_4 e_4-k_9 e_c\right]+$$

$$e_d\left[(y_3-y_1-y_5)e_4-k_{10} e_d\right]+$$

$$e_e\left[2\sqrt{1-y_5^2}\sin y_6 e_5-2\frac{y_5}{\sqrt{1-y_5^2}}\cos y_6 e_6-k_{11} e_e\right]+$$

$$e_f\left[(y_5-y_1-y_3)e_6-k_{12} e_f\right]$$

$$=-k_1 e_1^2-k_2 e_1^2-k_3 e_3^2-k_4 e_4^2-k_5 e_5^2-k_6 e_6^2-k_7 e_a^2-k_8 e_b^2-k_9 e_c^2-k_{10} e_d^2-k_{11} e_e^2-k_{12} e_f^2$$

$$=-e^T K e$$

式中：$e=(e_1,e_2,e_3,e_4,e_5,e_6,e_a,e_b,e_c,e_d,e_e,e_f)^T$，$K=diag(k_1,k_2,k_3,k_4,k_5,k_6,k_7,k_8,k_9,k_{10},k_{11},k_{12})^T$。

由 $\dot{V}\leqslant 0$，得，当 $t\to\infty$ 时 $e_1,e_2,e_3,e_4,e_5,e_6,e_a,e_b,e_c,e_d,e_e,e_f\to 0$，

即 $\lim\limits_{t\to\infty}\|e\|=0$。证毕。

数值仿真结论证明了该同步方法的有效性，由 4 阶 Runge-Kutta 求解微分方程组。时间步长为 0.1。当参数 $\omega_{01}=0.28,\omega_{02}=0.5,\omega_{03}=0.28,\omega_{04}=0.2,\omega_{05}=0.28,\omega_{06}=0.3$ 时，系统处于超混沌态。

动系统的初始条件为

$x_1(0)=-0.92,x_2(0)=1.41,x_3(0)=-1.53,x_4(0)=0.48,x_5(0)=0.37$ 和 $x_6(0)=-1.21$。

响应系统的初始条件为

$y_1(0)=0.1901,y_2(0)=-184.3,y_3(0)=0.123,y_4(0)=-147.32,y_5(0)=$

45

$0.113, y_6(0) = -197.85$。

需被估计的参数初始值选择为

$\omega_{11} = 0.5, \omega_{12} = 0.6, \omega_{13} = 0.4, \omega_{14} = 0.7, \omega_{15} = 0.7, \omega_{16} = 0.5$。比例函数设为 $\alpha(t) = 0.1 + 0.05\sin(t)$。

此外,设控制增益为 $(k_1, k_2, k_3, k_4, k_5, k_6, k_7, k_8, k_9, k_{10}, k_{11}, k_{12}) = (1, 1, 1, 1, 1, 1, 1, 1, 1, 1, 1, 1)$。仿真结果如图 3.10 和图 3.11 所示。其中图 3.10 展示了当 $t \to \infty$ 时系统误差 $e_1, e_2, e_3, e_4, e_5, e_6$ 逐步趋于 0 的过程,图 3.11 为 $t \to \infty$ 时不确定参数渐进等于 $\omega_{01} = 0.28, \omega_{02} = 0.4, \omega_{03} = 0.28, \omega_{04} = 0.2, \omega_{05} = 0.28, \omega_{06} = 0.3$ 的变化情况。

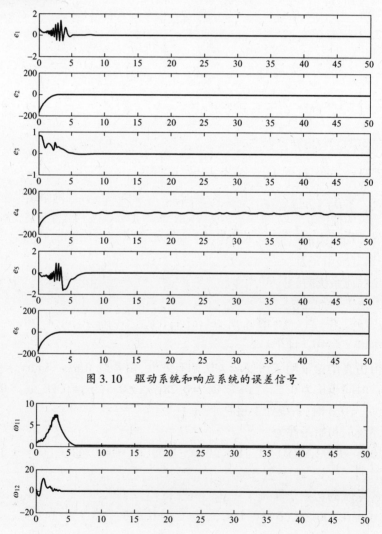

图 3.10 驱动系统和响应系统的误差信号

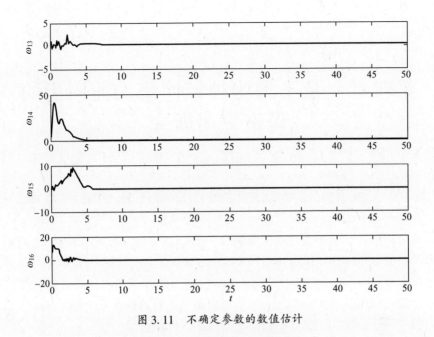

图 3.11 不确定参数的数值估计

3.4 本 章 小 结

　　本章主要介绍了以薛定谔方程为基础,运用蔡氏细胞神经网络结构,以量子细胞自动机构造的量子细胞神经网络(QCNN)。并分别利用两个和三个细胞耦合的 QCNN 构成超混沌振荡器。对量子细胞神经网络的混沌特性进行了分析计算,绘制其吸引子及 Lyapunov 指数谱。并根据 Lyapunov 稳定理论,分别给出了这些超混沌系统的几种不同的同步控制规则和相应的参数更新规律。数值仿真实验结论表明了这些同步控制方法的有效性。

第四章 量子细胞神经网络混沌同步的保密应用研究

4.1 多进制量子细胞神经网络数字保密通信方法

本节利用 3.2 节所述的两个细胞耦合的 QCNN 构成超混沌振荡器,使用第三章给出的自适应修正函数投影同步规则,应用同步匹配原理,设计一种多进制数字保密通信方法,并给出了该数字通信模型的接收器和发送器各模块的实现算法。通过数值仿真实验结论表明该通信系统的有效性及安全性。该通信系统具有信号传输容量大、安全性高、良好的可扩展性等特点。

4.1.1 数字保密通信模型设计

根据同步匹配原理[91],设计一个基于两细胞 QCNN 超混沌系统的多进制数字通信方法模型。该通信方法可传输多进制信号,如二进制、四进制、八进制、十六进制信号。此处,为简化叙述我们以四进制信号为例。

图 4.1 给出了四进制数字保密通信模型,应用修正函数投影同步方法,对超

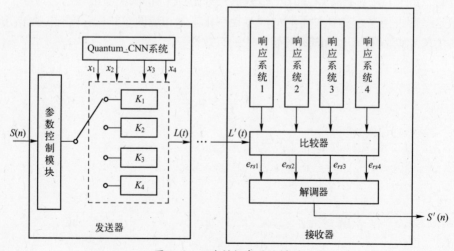

图 4.1 四进制数字通信模型

混沌信号进行同步。由于超混沌技术的应用,信号被掩盖为类似白噪声的安全信息。使用同步匹配原理,可在信道上传递多进制数字信号,并在接收端,利用混沌同步技术,对信息进行还原。

4.1.2 信号调制

在研究同步过程中发现,当选择不同的比例函数 $\lambda_i(i=1,2,3,4)$ 时,对应每组 $\lambda_i(t)(i=1,2,3,4)$,驱动系统可生成不同的输出信号以驱动响应系统达到同步。基于此种同步匹配原则,给出四进制数字通信系统如图 4.1 所示。其中 $S(n)$ 为源信号,可同时传输两位二进制比特串 $S(n)=P_1P_0$。$L(t)$ 为发送信号。K_1,K_2,K_3,K_4 为发送匹配比例控制器。其通过为 QCNN 超混沌系统的四个状态变量 x_1,x_2,x_3,x_4 设定不同的比例函数,该比例函数均连续可微,使发送器产生四种不同的信号形式,以表述四进制信息的四种不同状态。在本通信模型中 K_1,K_2,K_3,K_4 选取以下形式:

$K_1 = \{\lambda_1 = 0.5+0.1\sin(t), \lambda_2 = 1+0.1\sin(t+1.5), \lambda_3 = 0.5+0.1\cos(t), \lambda_4 = 1+0.1\cos(t+1)\}$

$K_2 = \{\lambda_1 = 1+0.1\sin(t+1.5), \lambda_2 = 0.5+0.1\cos(t), \lambda_3 = 1+0.1\cos(t+1), \lambda_4 = 0.5+0.1\sin(t)\}$

$K_3 = \{\lambda_1 = 0.5+0.1\cos(t), \lambda_2 = 1+0.1\cos(t+1), \lambda_3 = 0.5+0.1\sin(t), \lambda_4 = 1+0.1\sin(t+1.5)\}$

$K_4 = \{\lambda_1 = 1+0.1\cos(t+1), \lambda_2 = 0.5+0.1\sin(t), \lambda_3 = 1+0.1\sin(t+1.5), \lambda_4 = 0.5+0.1\cos(t)\}$

图 4.1 中模型参数控制的实现算法如下:

If $(P_1 \cup P_0 == 0)$

Choose K_1 as parameter;

Else if $(P_1 \cup P_0 == 1 \&\& P_1 == 0)$

Choose K_2 as parameter;

Else if $(P_1 \cup P_0 == 1 \&\& P_0 == 0)$

Choose K_3 as parameter;

Else if $(P_1 \cap P_0 == 1)$

Choose K_4 as parameter;

End if

4.1.3 信号解调

图 4.1 右部展示了四进制数字通信系统接收器模块。"响应系统 1""响应

系统 2""响应系统 3"和"响应系统 4"分别选择不同的比例函数 $\lambda_i(t)$ ($i=1,2,$ $3,4$)如表 4-1 所列。

表 4-1 响应系统比例函数组

比例函数组	响应系统 1	响应系统 2	响应系统 3	响应系统 4
λ_1	$0.5+0.1\sin(t)$	$1+0.1\cos(t+1)$	$0.5+0.1\cos(t)$	$1+0.1\sin(t+1.5)$
λ_2	$1+0.1\sin(t+1.5)$	$0.5+0.1\sin(t)$	$1+0.1\cos(t+1)$	$0.5+0.1\cos(t)$
λ_3	$0.5+0.1\cos(t)$	$1+0.1\sin(t+1.5)$	$0.5+0.1\sin(t)$	$1+0.1\cos(t+1)$
λ_4	$1+0.1\cos(t+1)$	$0.5+0.1\cos(t)$	$1+0.1\sin(t+1.5)$	$0.5+0.1\sin(t)$

通过比较器获得驱动系统与各响应系统的同步误差 $e_{rs1}(t)$,$e_{rs2}(t)$,$e_{rs3}(t)$, $e_{rs4}(t)$根据表 4-2 的解调函数关系,将接收信号 $L'(t)$解调为数字量输出。

表 4-2 解调函数表

	$e_{rs1}(t)$	$e_{rs2}(t)$	$e_{rs3}(t)$	$e_{rs4}(t)$
误差值	0	0	0	0
数字量输出	00	01	10	11

当 $S(n)=00$ 时,发送器选择 K_1 为参数,与接收器的"响应系统 1"达到同步,$e_{rs1}(t)$快速收敛于原点,而 $e_{rs2}(t)$,$e_{rs3}(t)$,$e_{rs4}(t)$均不为 0。进而解调器根据表 4-1 可判别传递信号为'00',输出'00'。当 $S(n)=01$ 时,发送器选择 K_2 为参数,与接收器的"响应系统 2"达到同步,$e_{rs2}(t)$快速收敛于原点,而 $e_{rs1}(t)$,$e_{rs3}(t)$,$e_{rs4}(t)$不为 0。进而解调器可判别传递信号为'01',输出'01'。其他传输信号同理。从而得到恢复后的原始信息。

4.1.4 通信系统数值仿真

在仿真实验中,发送器与接收器的初始条件分别为($0.55;-0.1;-0.4;0.5$)和($-0.6;0.25;0.5;0.3$)。限于章节篇幅,此处只列出了当 $S(n)=10$ 时的同步误差。在图 4.2 中,可看到只有 $e_{rs3}(t)$快速且稳定于系统原点,而其他则处于混沌状态,由此,解调器可判别系统输出为'10'。

现假设 $S(n)=00011011$,图 4.3(a)为原始信号 $S(n)$,图 4.3(b)为被混沌信号所掩盖的传输信号 $L(t)$,图 4.3(c)~图 4.3(f)为传输信号 $S(n)$时的同步误差。例如,当 $S(n)=00$ 时,在第一时间片中可见到只有 $e_{rs1}(t)$归于 0(图 4.3(c)),其他皆为混沌状态。由此,解调器可判断出输出为'00';当 $S(n)=01$ 时,在第二时间片中可见到只有 $e_{rs2}(t)$归于 0(图 4.3(d)),其他皆为混沌状态。由此,解调器可判断出输出为'01'。图 4.3(g)为恢复后的传输信息 $S'(n)$。

50

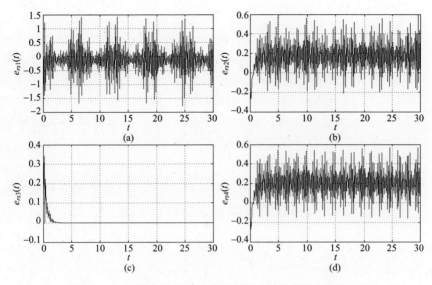

图 4.2　当 $s(n)=10$ 时发送器与接收器的同步误差时间响应

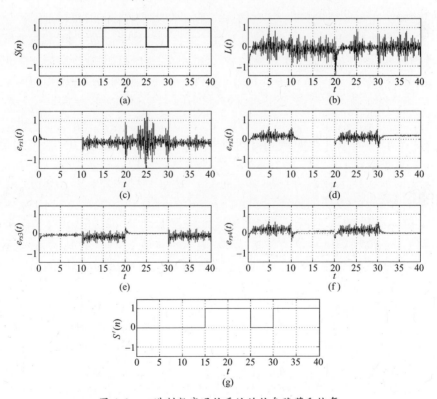

图 4.3　四进制数字通信系统的信息隐藏和恢复

小结

本节利用前面章节设计的参数未知的两细胞量子细胞神经网络超混沌系统的修正函数投影同步方法,基于 Lyapunov 理论给出了系统的同步控制规则和参数更新规律。并根据同步匹配方法建立了多进制数字通信系统,在文中给出了系统实现模型。以上所有理论推导均通过仿真实验得以佐证。该通信系统具有信号传输容量大、安全性高、良好的可扩展性的特点。仿真结果表明,原始信息信号可以被覆盖,并在数字保密通信系统中有效地恢复。

4.2 基于量子细胞神经网络超混沌系统的半对称图像加密解密方法

4.2.1 引言

互联网和无线网络的盛行使几乎所有设备达到网络互联,在彼此之间进行数据传输。然而在给人们的工作和生活带来了极大便利的同时也增加了计算机和信息系统的安全隐患。因此,信息安全已变得日益重要。近年来,宽带通信的快速增长,促进了互联网上多媒体信息传递量的增多,特别是数字图像的个人身份识别,数字签名,访问控制等各种应用。为了确保互联网上数字图像的安全和隐私,图像加密技术[92-95]是必不可少的,使其可以抵抗未经授权的第三方恶意攻击。

虽然已经提出了各种各样的数据加密系统,如 DES,AES 和 RSA。但它们需要密集的计算资源,并不适合用于加密数字图像。与传统技术相比,基于混沌的加密技术被认为更加切实可行。混沌加密系统具有速度快、安全高、不可预知性、较低的计算成本,并且较少的计算功率等特点。自从 1989年 Matthews[96]第一次提出了基于混沌加密方法以来,研究者提出了许多基于混沌的空域和频域加密算法[97-119]。由于混沌系统具有对初始值和系统参数极端敏感的特性,使得这类加密算法具有很好的抗统计分析攻击的特性。当攻击者不知道密钥的情况下,很难对混沌加密系统进行预测或分析。加密系统可以使用系统初值和控制参数作为加密解密密钥,构成对称加密系统。但这类对称加密系统存在相应的风险,由于加密解密使用相同的密钥,当攻击者对密钥进行截获,或者发起已知明文攻击或选择明文攻击时,密钥可能泄漏。

前面的 2.2 节提出了一种基于复合混沌映射和混沌细胞神经网络的彩色图像加密算法;文献[114]提出了一种基于多混沌映射的图像加密方案;文献

[115]提出了一种基于旋转矩阵位级排列快扩散的图像加密算法。文献[116]设计了基于可逆元胞自动机结合混沌的机密方案；在文献[118]中提出了一种基于量子混沌系统的彩色图像加密模型；此外，文献[119]开发一种基于混沌同步的非对称图像加密系统。大多数混沌图像加密模型是属于对称加密技术，而这已经被证明相对应非对称密码系统存在一定的脆弱性。然而，非对称密码系统也并非没有缺点，例如，算法强度复杂、安全性依赖于算法与密钥，但是由于其算法复杂，而使得加密解密速度慢于对称加密算法的速度。

本章，我们设计了一种基于 QCNN 混沌同步密钥的半对称图像加密模型。由于量子点和量子细胞自动机（QCA）构成的新型半导体纳米材料具有许多独特的纳米特性。此处利用 3.3.1 节所述三细胞 QCNN 构成超混沌振荡器，并采用 3.3.2 节所提出的修正函数投影同步方法作为同步密钥生成器。

4.2.2　半对称图像加密解密模型

基于量子细胞神经网络超混沌同步控制的半对称图像加密解密模型如图 4.4 所示。

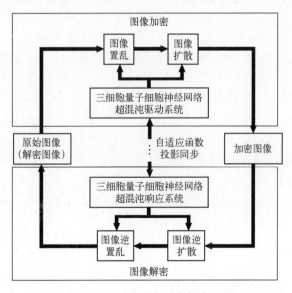

图 4.4　半对称图像加密解密模型

此处采用两个三细胞 QCNN 系统生成安全密钥，两个 QCNN 系统的初始条件和控制参数不同。该 QCNN 系统的状态方程可写为

$$\begin{cases} \dot{P}_1 = -2b_{01}\sqrt{1-P_1^2}\sin\varphi_1 \\ \dot{\varphi}_1 = -\omega_{01}(P_1-P_2-P_3) + 2b_{01}\dfrac{P_1}{\sqrt{1-P_1^2}}\cos\varphi_1 \\ \dot{P}_2 = -2b_{02}\sqrt{1-P_2^2}\sin\varphi_2 \\ \dot{\varphi}_2 = -\omega_{02}(P_2-P_1-P_3) + 2b_{02}\dfrac{P_2}{\sqrt{1-P_2^2}}\cos\varphi_2 \\ \dot{P}_3 = -2b_{03}\sqrt{1-P_3^2}\sin\varphi_3 \\ \dot{\varphi}_3 = -\omega_{03}(P_3-P_1-P_2) + 2b_{03}\dfrac{P_3}{\sqrt{1-P_3^2}}\cos\varphi_3 \end{cases} \tag{4.1}$$

式中：P_1, P_2, P_3 和 $\varphi_1, \varphi_2, \varphi_3$ 为状态变量；b_{01}, b_{02} 和 b_{03} 与每个细胞内量子点间能量成正比；ω_{01}, ω_{02} 和 ω_{03} 表示相邻细胞极化率之差的加权影响系数，相当于传统 CNN 的克隆模板。当 $b_{01} = b_{02} = b_{03} = 0.28$，$\omega_{01} = 0.5$，$\omega_{02} = 0.2$，$\omega_{03} = 0.3$ 时系统处于超混沌态。

该加密模型与传统对称加密方法不同，并不要求传输安全密钥，以防止密钥泄露而引起的安全隐患。加密密钥生成模块用以产生安全密钥，原始图像通过该安全密钥进行加密得到密文图像。解密过程为加密过程的逆过程，获取到同步安全密钥之后，产生解密密钥对密文图像进行解密。

1. 加密算法

此处设计的加密模型为一种复合混沌加密算法，由置乱阶段和扩散阶段两个部分构成。令原始图像为一个 $N \times N$ 的彩色图像，三细胞 QCNN 驱动系统作为加密密钥生成模块。以初始条件 $\varphi_1(0), \varphi_2(0), \varphi_3(0), P_1(0), P_2(0)$ 和 $P_3(0)$ 以及控制参数 $b_{01}, b_{02}, b_{03}, \omega_{01}, \omega_{02}$ 和 ω_{03} 迭代三细胞 QCNN 驱动系统 M 次。将得到的迭代结果 $\varphi_1, \varphi_2, \varphi_3, P_1, P_2$ 和 P_3 作为加密密钥。加密流程如图 4.5 所示。

在置乱阶段，将 Arnold 混沌映射以不同的参数和迭代次数，对原始图像三个色彩分量进行置乱处理。

Arnold 映射的方程如下定义：

$$\begin{pmatrix} x_{n+1} \\ y_{n+1} \end{pmatrix} = A \begin{pmatrix} x_n \\ y_n \end{pmatrix} \bmod(N) = \begin{bmatrix} q & p \\ q & pq+1 \end{bmatrix} \begin{pmatrix} x_n \\ y_n \end{pmatrix} \bmod(N) \tag{4.2}$$

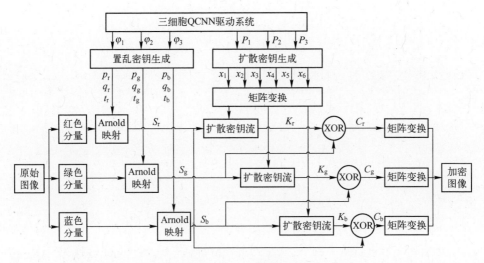

图 4.5 加密流程

由于 $\det(A)=1$，对控制参数进行如下设计：

$$p_r = floor(\mathrm{mod}(\varphi_1 \times 2^{24}), N)$$

$$q_r = floor(\mathrm{mod}(\mathrm{mod}(\varphi_1 \times 2^{48}), 2^{24}), N)$$

$$p_g = floor(\mathrm{mod}(\varphi_2 \times 2^{24}), N)$$

$$q_g = floor(\mathrm{mod}(\mathrm{mod}(\varphi_2 \times 2^{48}), 2^{24}), N)$$

$$p_b = floor(\mathrm{mod}(\varphi_3 \times 2^{24}), N)$$

$$q_b = floor(\mathrm{mod}(\mathrm{mod}(\varphi_3 \times 2^{48}), 2^{24}), N)$$

针对不同色彩分量的 Arnold 映射的迭代次数为

$$t_j = floor(((\mathrm{mod}(\varphi_j \times 2^{24}) + \mathrm{mod}(\varphi_j \times 2^{48})), 2^{24}, N) \quad j \in \{r, g, b\}$$

以式(4.2)所示方法置乱原始图像。对置乱后的图像像素按照从上到下，从左到右的顺序进行矩阵变换，得到三个 $1 \times (N \times N)$ 序列 $S_j = \{S_j(1), S_j(2), \cdots, S_j(N \times N)\}$，$j \in \{r, g, b\}$。

在扩散阶段，利用 2.2 节中所描述的 6 阶 CNN 超混沌系统进行图像扩散，以改变像素的值。式(2.6)的初始条件设置如下：

$$x_i(0) = \gamma_j P_j, \quad (i = 1, 2, 3, 4, 5, 6 \quad j = 1, 2, 3)$$

式中：γ_i 为某适当整数。由于 P_j 为混沌值，则 6 阶 CNN 超混沌系统的初始条件 $x_i(0)$ 也为混沌值。

将 6 阶 CNN 超混沌系统迭代 $\dfrac{N \times N}{2}$ 次，将结果拆分成以下三个矩阵：

$$X_r = \begin{bmatrix} X_1(0) & X_2(1) \\ X_1(2) & X_2(2) \\ \vdots & \vdots \\ X_1\left(\dfrac{N\times N}{2}\right) & X_2\left(\dfrac{N\times N}{2}\right) \end{bmatrix}, X_g = \begin{bmatrix} X_3(1) & X_4(1) \\ X_3(2) & X_4(2) \\ \vdots & \vdots \\ X_3\left(\dfrac{N\times N}{2}\right) & X_4\left(\dfrac{N\times N}{2}\right) \end{bmatrix},$$

$$X_b = \begin{bmatrix} X_5(0) & X_6(1) \\ X_5(2) & X_6(2) \\ \vdots & \vdots \\ X_5\left(\dfrac{N\times N}{2}\right) & X_6\left(\dfrac{N\times N}{2}\right) \end{bmatrix}$$

对矩阵元素进行从上到下,从左到右的重排,将 X_r,X_g 和 X_b 转换为三个 $1\times(N\times N)$ 的序列:$X_j\_Stream(i)$, $(i=1,2,\cdots,N\times N \quad j\in\{r,g,b\})$。

扩散密钥流 K_j 由 X_j_Stream 和 S_j 以下式(4.3)方法生成:

$$K_j(i) = \mathrm{mod}\{round[\,abs(X_j\_Stream(i))-floor(abs(X_j\_Strean(i)))]\times$$
$$10^{14}+S_j(i-1)\,],N\} \tag{4.3}$$

$i=1,2,\cdots,N\times N$

$j\in\{r,g,b\}$

令 $S_j(0)=127$。

置乱图像以切换方式通过密钥流 K_j 进行加密,得到密文序列:

$$\begin{cases} C_r(i) = bitxor(S_g(i),K_r(i)) \\ C_g(i) = bitxor(S_b(i),K_g(i)) \\ C_b(i) = bitxor(S_r(i),K_b(i)) \end{cases}$$

$i=1,2,\cdots,N\times N$,$bitxor(\cdot)$ 函数返回的是两个整数的位异或值。

此处将 C_r,C_g 和 C_b 三个行向量分别转换为 $N\times N$ 矩阵,在进行色彩合成后即得到加密图像。

2. 解密算法

使用 3.3.2 小节描述的同步方法,可以获得同步密钥 P_{r1},P_{r2},P_{r3},ϕ_{r1},ϕ_{r2},和 ϕ_{r3}。解密过程为加密过程的逆过程。解密流程如图 4.6 所示。

该加密解密过程可循环 R 次。用户可使用 QCNN 驱动系统和响应系统产生同步密钥,作为非对称密钥,以循环次数 R 作为对称密钥。

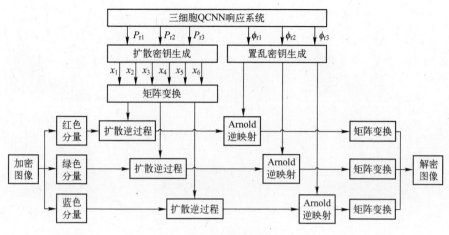

图 4.6　解密流程

4.2.3　半对称加密算法安全性能分析

这一部分,给出了该彩色图像加密算法的性能分析结论。数值分析结果表明该加密模型具备良好的加密性能。

1. 直方图分析

一个好的加密方法对于任何明文图像的加密结果总是可以得到均一化的直方图。图 4.7～图 4.10 "Lena"和"Peppers"彩色图像的原始图像、加密图像和解密图像,以及其相对应的三个色彩分量的直方图。如图 4.8 和图 4.10 所示,加密图像的直方图分布十分均匀,其原始图像的直方图明显不同。因此,该图像加密模型不会为统计提供任何线索。

图 4.7　"Lena"原始图像、加密图像、解密图像

2. 相关性分析

在原始和加密图像中各随机选取 4000 对相邻像素,用以测试像素的相关性(垂直方向,水平方向,对角方向)。像素的相关系数 r_{xy} 根据以下公式进行计算:

57

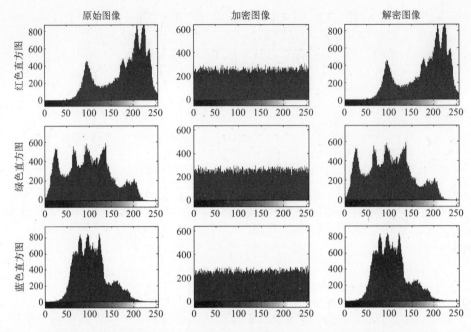

图 4.8 "Lena"原始图像、加密图像和解密图像的红绿蓝三个色彩分量直方图

图 4.9 "Peppers"原始图像、加密图像、解密图像

$$e(x) = \frac{1}{N} \sum_{i=1}^{N} x_i$$

$$d(x) = \frac{1}{N} \sum_{i=1}^{N} (x_i - e(x))^2$$

$$\mathrm{cov}(x,y) = \frac{1}{N} \sum_{i=1}^{N} (x_i - e(x))(y_i - e(y))$$

$$r_{xy} = \frac{\mathrm{cov}(x,y)}{\sqrt{d(x)}\,\sqrt{d(y)}}$$

58

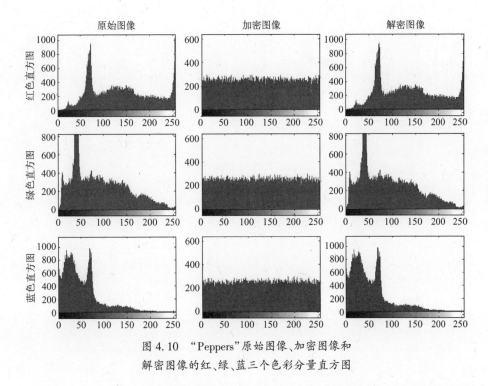

图 4.10 "Peppers"原始图像、加密图像和
解密图像的红、绿、蓝三个色彩分量直方图

图 4.11 和图 4.12 所示分别为"Lena"和"Peppers"图像两个相邻像素的相关性分析。表 4-3 提供了更多的相关性测试对比,表明原始图像两个相邻像素是高度相关的,而加密图像的相关性几乎可以忽略不计。由对比结果可见,此处提出的加密算法模型功能完善。

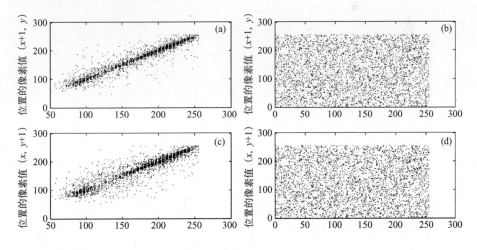

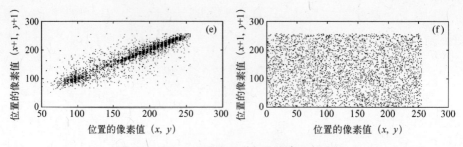

图 4.11 "Lena"图像两个相邻像素的相关性

（a）原始图像中两个水平相邻像素的分布；（b）加密图像中两个水平相邻像素的分布；
（c）原始图像中两个垂直相邻像素的分布；（d）加密图像中两个垂直相邻像素的分布；
（e）原始图像中两个对角相邻像素的分布；（f）加密图像中两个对角相邻像素的分布。

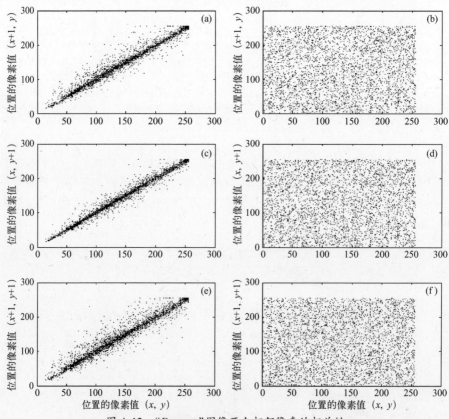

图 4.12 "Peppers"图像两个相邻像素的相关性

（a）原始图像中两个水平相邻像素的分布；（b）加密图像中两个水平相邻像素的分布；
（c）原始图像中两个垂直相邻像素的分布；（d）加密图像中两个垂直相邻像素的分布；
（e）原始图像中两个对角相邻像素的分布；（f）加密图像中两个对角相邻像素的分布。

表 4-3　原始图像与加密图像的相关系数

	水平	垂直	对角
文献[112]算法	0.0681	0.0845	–
文献[113]算法	−0.0318	0.0965	0.0362
文献[114]算法	0.0086	0.0195	−0.0093
本算法"Lena"	−0.0062	0.0052	0.0043
本算法"Peppers"	−0.0098	0.0083	0.0024

3. 信息熵分析

信息熵是随机性的重要特性之一,对于信号源 m,用以下公式计算其信息熵 $H(m)$:

$$H(m) = -\sum_{i=0}^{2^n-1} p(m_i) \log_2 p(m_i)$$

式中:$p(m_i)$ 表示符号 m_i 的概率。例如,当 $n=8$,$n=\{m_0, m_1, m_2, \cdots, m_{255}\}$ 为彩色图像的色彩强度值。对于一个随机过程,每个符号是等概率出现的,$p(m_i) = 1/256$,$H(m) = 8$。在一般情况下,信息熵的值会小于 8,但应该接近理想值。表 4-4 所列为本加密算法进行加密的彩色图像三个色彩分量的信息熵值和一些其他相关算法的对比。可见,该加密算法的熵值非常接近于理想值 8。

表 4-4　加密图像三个色彩分量的信息熵

加密算法	红	绿	蓝
文献[112]算法	7.9732	7.9750	7.9715
文献[113]算法	7.9851	7.9852	7.9832
文献[114]算法	7.9971	7.9968	7.9974
本算法"Lena"	7.9993	7.9992	7.9987
本算法"Peppers"	7.9988	7.9989	7.9993

4. 差分攻击

差分攻击是密码分析的一个重要方法,用以定量的测量加密图像上一个像素的微小变化所产生的影响。这种影响可以由像素变化率(NPCR)和统一平均变化强度(UACI),通过以下公式进行计算:

$$\text{NPCR} = \frac{\sum\limits_{i,j} D(i,j)}{W \times H} \times 100\%$$

$$\text{UACI} = \frac{1}{W \times H} \left(\sum\limits_{i,j} \frac{|C(i,j) - C'(i,j)|}{255} \right) \times 100\%$$

式中:W 和 H 分别表示图像的宽和高;$C(i,j)$ 和 $C'(i,j)$ 表示原始图像发生单一像素变化前后所对应的加密图像。对于位置 (i,j),如果 $C(i,j) \neq C'(i,j)$,那么令 $D(i,j) = 1$;否则令 $D(i,j) = 0$。我们根据提出的加密算法测试了几副图像的 NPCR 和 UACI 值,结果显示在表 4-5 和表 4-6 中。以上所述加密算法,一比特的像素变换变化,对应的加密图像像素变化率超过 99.58%;统一平均变化强度超过 33.27%。可见,本加密算法对原始图像的微小变化非常敏感。这一结果表明,我们的方案可以很好的抵抗差分攻击。

表 4-5 加密图像 NPCR 值

NPCR	红	绿	蓝
文献[115]算法	99.5445	99.5875	99.5374
文献[118]算法	99.6155	99.6536	99.6475
本算法"Lena"	99.6002	99.6063	99.5834
本算法"Peppers"	99.6109	99.5819	99.5895

表 4-6 加密图像 UACI 值

UACI	红	绿	蓝
文献[115]算法	34.3174	34.1786	33.6467
文献[118]算法	33.6970	34.3251	32.2345
本算法"Lena"	33.3635	33.4891	33.5000
本算法"Peppers"	33.5213	33.2783	33.4091

小结

本节设计了一种基于量子细胞神经网络超混沌系统的半对称同步密钥图像加密方案。仿真实验和安全性能分析表明,该方案具有良好的安全性能。此外,它有效地避免了其他混沌图像对称加密算法中密钥泄漏带来的安全漏洞。

4.3 本 章 小 结

本章利用第三章中所介绍的量子细胞神经网络。分别以两个或三个细胞耦合而成的超混沌系统,应用不同的混沌同步控制方法,设计了一套多进制数字保密通信系统和一种新型半对称彩色图像加密方案。并通过数字仿真实验证明了该通信系统以及图像加密算法的安全性和可靠性。

第五章　混沌加密网络安全应用

5.1　基于超混沌系统的分布式跨域身份认证方案

5.1.1　引言

信息安全主要包括以下四个方面：信息设备安全、数据安全、内容安全、行为安全[2]。根据信息安全专家在《软件行为学》一书中描述，行为安全应该包括行为的机密性、行为的完整性、行为的真实性等特征。可信计算属于信息安全的行为安全范畴。

"彩虹系列"丛书以美国国防部《可信计算机系统评测标准(TCSEC)》为核心，对评测标准进行扩充，提供了关键的背景知识，对关键的概念进行深入解释和分析，并且提出了具体的实现方法和措施，标志着可信计算的出现。1999年，HP，IBM，Intel，微软等著名IT企业发起成立了可信计算平台联盟(Trusted Computing Group Platform Alliance，TCPA)。2003年TCPA改组为可信计算组织，标志着可信计算的发展达到了新的高度。

为了实现可信计算这一目标，人们不断做着不懈的努力[120,121]。包括从应用程序层面、操作系统层面、硬件层面提出的可信计算基相当多。

可信计算的主要手段是进行身份确认，使用加密进行存储保护及使用完整性度量进行完整性保护。基本思想是在计算机系统中首先建立一个信任根，再建立一条信任链，一级测量认证一级，一级信任一级，把信任关系扩大到整个计算机系统，从而确保计算机系统的可信。由于引入了"可信平台模块"这样的一个嵌入到计算机平台中的嵌入式微型计算机系统，TCG解决了许多以前不能解决的问题。可信平台模块实际上就是在计算机系统中加入了一个可信第三方，通过可信第三方对系统的度量和约束来保证一个系统可信。

身份认证为可信计算的主要应用之一，建立在可信计算平台上的身份认证的核心思想是：可信平台模块用户能够向认证者证明自己拥有一个合法可信平台模块的同时又不暴露出自己具体是哪个可信平台模块，以防止平台用户行为被跟踪[122]。

文献[122]提出了一种适合分布式网络协同工作的跨域匿名认证机制。该机制引入可信第三方、证书仲裁中心,完成跨域的平台真实性验证,为身份真实者颁发跨域认证证书。

结合当前网络应用的特点,及对认证安全性的要求,本节提出一种分布式跨域匿名认证方案,摒弃集中式的单点跨域认证,用户可以自由地选择认证仲裁中心,避免由于系统的封闭而产生的不信任。通过对该分布式跨域匿名认证机制的安全性进行系统分析,提出一种基于混沌细胞神经网络和 Rijndael 算法的超混沌数据加密方案,以便对该系统的可靠性、安全性进行完善。

5.1.2 分布式跨域匿名认证方案

1. 基本结构

如图 5.1 所示,Doa、Dob、Doc 分别为三个可信域,可信计算平台 TCPa 隶属于可信域 Doa。当 Doa 的 TCPa 向 Dob 的网络信息服务提供商 ISP 提出服务请求时,由于 Dob 的 ISP 与 TCPa 不属于同一可信域,所以该 ISP 需要 DCAC 的协助方对 TCPa 的真实性和完整性进行验证。

2. 认证实施过程分析

如图 5.1 所示认证框架。

(1) 可信计算平台 TCPa 首先需要通过本可信域 Doa 证书颁发者 ISa 的认证,即获得其签发的平台身份密钥(Attestation Identity Key, AIK)证书。

(2) 当可信计算平台 TCPa 获取到本可信域的平台身份密钥 AIK 证书后,可任选网络上可信的第三方作为分布式证书仲裁中心 DCAC。图 5.1 中为 DCAC2 被选中,并向其发送跨域证书请求。

(3) DCAC2 通过与 TCPa 所在可信域 Doa 的证书颁发者 ISa 间的验证信息交互操作,对可信计算平台 TCPa 的真实性和完整性进行验证,TCPa 在这个过程中是使用本地域平台身份密钥 AIK 和自身完整性度量值向 DCAC2 证明其身份。

(4) 当 TCPa 的真实性和完整性得以证明之后,DCAC2 便对持有合法 AIK 的可信计算平台 TCPa 颁发分布式跨域身份认证证书。

(5) 获得身份认证的 TCPa 用分布式跨域身份认证证书向可信域 DOb 中的 ISP 匿名地证明其可信性。并与 ISP 展开相应的服务请求与服务响应。

(6) 当 TCPa 再次向其他可信域如 DOc 中的 ISP 提出服务请求时,则不需要再次进行认证请求,直接使用 DCAC2 颁发的跨域认证证书即可,使系统的高效性得以进一步体现。

每个分布式跨域认证中心可同时处理多个可信计算平台的跨域身份认证申请,分布式跨域认证证书一经颁发,即可多次重复使用,使得通信过程中可信计算平台和可信平台模块的验证次数减少,负载降低,认证效率提高,有效避免了认证中心成为系统瓶颈的问题。

如图 5.1 所示,当可信计算平台 TCPa 获得分布式跨域认证证书后,在该证书的有效授权期限内,TCPa 可持该证书向其他任何可信域内的 ISP 申请跨域服务,ISP 通过验证分布式跨域认证证书的合法性,完成对该可信计算平台的真实性和完整性校验。这种方式满足分布式网络并行、高性能以及计算机协同工作的特点。

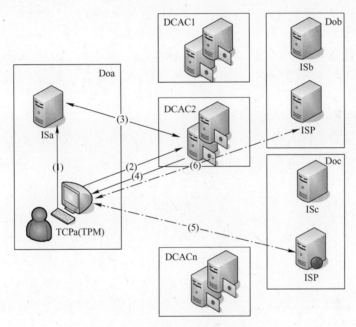

图 5.1　分布式跨域匿名认证框架

5.1.3　分布式跨域认证结构中的安全体系

TCP 通过 DCAC 的认证后,TCP 与 DCAC 之间与目标域的 ISP 之间建立了信任关系,所以安全性是需要考虑的首要因素。

1. 安全体系结构

为了保证认证数据的安全,制定一个站点间安全地共享身份信息的规范,该规范对安全声明标记语言 SAML 进行裁减和扩展,使其能适用于互联网上的站点之间安全传输常见的个人用户信息格式。

为了保证网络通信的安全,站点之间的通信使用 HTTP 协议,用户在登录到一个支持分布式单点认证的网站时,可能会把输入的用户名和密码送到欺诈网页,而且认证系统路由到互联网上请求确认身份的网站时,这个过程依赖于网络地址映射的域名解析系统,因此要在每个参与分布式单点身份认证的网站上采用传输层安全协议(TLS),以避免重播的攻击。

在传输消息时采用安全套接层协议(Secure Socket Layer, SSL),保护信息传输的机密性和完整性。同时为消息设置有效时间范围,避免信息被重播。

该认证机制中采用 Rijndael 算法作为数据的加密算法对数据进行加密,Rijndael 是高级加密标准(AES)中使用的基本密码算法。Rijndael 是具有可变分组长度和可变密钥长度的分组密码。其分组长度和密钥长度均可独立地设定为 32bit 的任意倍数,最小值为 128bit,最大值为 256bit。

将超混沌细胞神经网络与 Rijndael 算法相结合,子密钥由高阶超混沌序列直接提供,各个子密钥超混沌的不同迭代结果,彼此为随机混沌态,不存在重复使用的密钥,密钥穷举攻击无法对其奏效,安全性大大增加。

2. 加密方案的设计与实现

定义高阶混沌行为的一种典型方式为有两个或两个以上正的 Lyapunov 指数。此处使用的高阶系统为超混沌细胞神经网络,文献[123]描述其模型如下:

$$\dot{X} = -CX + Wf(X) \tag{5.1}$$

式中, $X = [X_1, X_2, X_3, X_4]^{\mathrm{T}}$; $C = \mathrm{diag}([1,1,1,100])$;

$$W = \begin{pmatrix} 2.1 & 2.5 & 0 & 0 \\ -2.6 & 1 & 3 & 0 \\ 0 & -2.8 & p & -1.1 \\ 0 & 0 & 100 & 160 \end{pmatrix}; f(x) = 0.5(|x+1| - |x-1|).$$

式(5.1)可写为

$$\begin{cases} \dot{x}_1 = -x_1 + 2.1f(x_1) + 2.5f(x_2) \\ \dot{x}_2 = -x_2 - 2.6f(x_1) + f(x_2) + 3f(x_3) \\ \dot{x}_3 = -x_3 - 2.8f(x_2) + pf(x_3) - 1.1f(x_4) \\ \dot{x}_4 = -100x_4 + 100f(x_3) + 160f(x_4) \end{cases} \tag{5.2}$$

当参数 $p \in (0.27, 0.67)$ 之间时,式(5.2)所示细胞神经网络模型存在两个正的 Lyapunov 指数。当 $p = 0.4$ 时,四个 Lyapunov 指数分别为 $\lambda_1 = 0.125$, $\lambda_2 = 0.022$, $\lambda_3 = 0$, $\lambda_4 = -95.95$,说明该模型为高阶混沌系统。其混沌吸引子分布如图 5.2 所示。

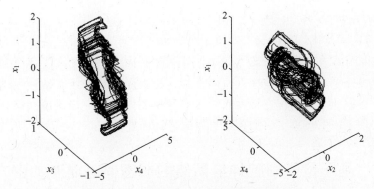

图 5.2 部分混沌吸引子分布图($p=0.4$)

迭代式(5.2)超混沌系统,得到四个实数序列:

$X=\{x_1(i) \quad x_2(i) \quad x_3(i) \quad x_4(i),i=1,2,3\cdots\}$。

将此四维实数序列进行重排,整合为一个一维实数序列:

$X_1=\{x_1(1) \quad x_2(1) \quad x_3(1) \quad x_4(1) \quad x_1(2) \quad x_2(2) \quad x_3(2) \quad x_4(2)\cdots\}$。

使用相应的方法将序列X_1整数化,转化为整数序列:

$Z=\{z_1(1) \quad z_2(1) \quad z_3(1) \quad z_4(1) \quad z_1(2) \quad z_2(2) \quad z_3(2) \quad z_4(2)\cdots\}$,

令整数序列Z作为密钥流K。

改进文献[124]所描述的整数序列提取方法,从超混沌系统中提取整数值序列,可采用16bit float 型进行运算,每迭代一次得到四个数值,取其中一个16bit float 数,舍弃整数部分,即取15bit 纯小数,从这15bit 中任选3bit、4bit、5bit……直到15bit。从每个实数值中提取8bit 的密钥,将得到的十进制数对2^8取模。由于式(5.2)为超混沌细胞神经网络系统,所以该系统得到的整数值序列也同样具备良好的混沌随机特性。将得到的整数值与超混沌细胞神经网络的初始参数一起作为种子密钥,每次加密更换种子密钥。

加密过程如图 5.3 所示,解密过程为加密过程的相似过程,以相同的方法生成与加密子密钥相对应的解密子密钥。

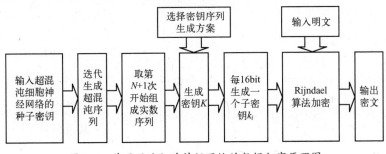

图 5.3 基于混沌细胞神经网络的数据加密原理图

在本节中,我们针对传统集中式认证的局限性,提出了一种适用于当前网络环境的分布式跨域认证机制。该机制对绝对可信第三方的信息封闭性进行了改进,采取了分布式的证书仲裁中心,由用户自主选择。并在该认证机制的基础上,研究设计了一种将混沌序列密码作为分组密码算法的子密钥使用的数据加密方案,将混沌系统的优良特性应用于分组密码中。进一步保证网络认证的安全性,实现了可信计算平台的跨域直接匿名认证过程。

5.2 基于量子细胞神经网络的弱密码超混沌加密方法

5.2.1 引言

计算机的信息安全问题已经被深入的研究超过 50 年了。包括加密算法、计算装置、操作系统和网络的一般安全。其中密码系统广泛的应用于身份验证和数据加密。人类记住密码的能力有限并且倾向于选择过于简单和可被预见的弱密码。由此,弱密码相关的漏洞成为广泛存在的安全问题。全世界的用户和企业都在寻找解决弱密码问题的方法。

据统计,2009 年 86% 的美国公司使用密码认证和加密[125]。如果将弱密码作为一个强有力的加密或者身份认证来使用,则可能会使系统易于受到暴力密码查找的进攻。研究表明,用户通常用简单的,可被预见的密码来对待密码这个复杂的问题[126,127]。Schneier 调查了 34,000 个"Myspace"的在线用户密码:其中65%的用户选择使用 8 位字符,而使用"password1""abc123""myspace1"和"password"这类密码的更是大有人在[127]。还有相当数量的用户将所有的账户都设为同一个密码,或把密码写在记事本里,或把密码记录在一个表格里,或反复循环使用旧密码这类方法。Horowitz 报告了 15% ~ 20% 的用户整齐地把密码写在即时贴上并且贴在电脑屏幕上[127]。另一项调查发现 66% 的用户工作时把密码记录在纸上,58%记录在表格里[127]。

弱密码相关的缺陷对世界经济有重大的影响,现有商用的对称加密体制一般为 DES(数据加密标准)和 AES(高级加密标准)。对于一个使用 AES 算法的完全随机的理想密钥,一个暴力查找攻击在现在或者将来是不可行的。但是,当密钥被限制于一个较小的子空间时,情况将发生戏剧性的改变。而实际情况是,通常关键字是被人记忆的密码,或者是攻击者通过相应的破解机制可以获取的。对于这样一个很小的密钥子空间,暴力查找就会有效。

5.2.2 弱密码加密模型

为解决现有密码系统由于受有限的密钥空间的限制,在受到暴力破解攻击时,其安全性难以得到保证的问题,本节提出一种基于量子细胞神经网络的弱密码超混沌加密方法。加密解密及攻击示意图如图5.4所示。

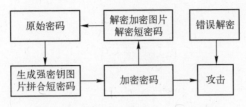

图 5.4　弱密码加密解密及攻击示意图

在弱密钥系统加密的过程中,我们将原始密码进行拆分。将其分解为短密码和强密钥两个部分。将得到的强密钥嵌入一幅二维图像,以获得图像强密钥。应用第二章介绍的置乱—扩散机制对图像进行加密。此处,由第三章获得的量子细胞神经网络超混沌系统产生扩散密钥流,对图像进行扩散处理。最后,将原始密码拆分得到的短密码以 AES 方法进行加密,合并由量子细胞神经网络加密后的图像强密钥共同作为加密密码传输。

5.2.3 加密流程

加密过程描述如图5.5所示。

步骤一:选定长度为 n 的密码作为加密对象,n 为正整数,所述 n 的组合长度在合理范围内(如105个组合)。

步骤二:将 n 位密码拆分为 m 位的短密码 SP 和 k 位的强密钥 SK。

步骤三:将强密钥 SK 嵌入二维图像中,形成图像强密钥 ISK;与现有的加密技术的区别在于,用户不用再被要求记忆 SK,对于人脑而言,记忆一幅图像要远比记忆 k 位字符容易很多。

步骤四:对步骤三中的图像强密钥 ISK 进行离散混沌映射,并设定控制参数,获得置乱图像 S_ISK。将置乱图像 S_ISK 按照从上到下,从左到右的顺序进行排列,得到置乱序列 S。

此过程中使用可变参数 Cat 映射,Cat 映射的方程定义如2.2节中式(2.7)所示。

式中,假设图像强密钥 ISK 为 $N \times N$ 像素的灰度图像,控制参数 p,q 为正整数,可由用户设定,要求满足 $\det(A) = 1$。

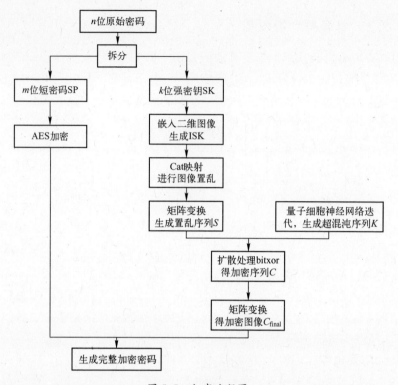

图 5.5　加密流程图

将图像强密钥 ISK 根据式(2.7)排列,转化为置乱图像 S_ISK。

步骤五:选择量子细胞神经网络超混沌系统,并设定初值及控制参数。采用 4 阶龙格-库塔法对该超混沌系统进行迭代求解,产生混沌序列 K。

此处使用的量子细胞神经网络系统为由两个细胞进行耦合的超混沌系统,模型方程可写为

$$\begin{cases} \dot{P}_1 = -2a_1\sqrt{1-P_1^2}\sin\phi_1 \\[2mm] \dot{\phi}_1 = -\omega_1(P_1-P_2)+2a_1\dfrac{P_1}{\sqrt{1-P_1^2}}\cos\phi_1 \\[2mm] \dot{P}_2 = -2a_2\sqrt{1-P_2^2}\sin\phi_2 \\[2mm] \dot{\phi}_2 = -\omega_2(P_2-P_1)+2d_2\dfrac{P_2}{\sqrt{1-P_2^2}}\cos\phi_2 \end{cases} \qquad (5.3)$$

式中:P_1 和 P_2 为两个量子细胞自动机(QCA)的极化率;ϕ_1 和 ϕ_2 为两个 QCA 的相位;a_1 和 a_2 是与每个 QCA 内量子点间能量成正比的系数;ω_1 和 ω_2 是相邻

70

QCA极化率之差的加权影响系数。

当$\omega_1 = \omega_2 = 0.5, a_1 = a_2 = 0.075$时,系统(5.3)处于超混沌态。参数$a_1$和$a_2$,$\omega_1$和$\omega_2$也可由用户选取。

当第$i(i=1,2,\cdots,(N \times N)/4)$次迭代系统(5.3)量子细胞神经网络时,产生的四个值$\{x_1(i),x_2(i),x_3(i),x_4(i)\}$用于生成混沌序列$K = \{K_{x_1(i)}, K_{x_2(i)}, K_{x_3(i)}, K_{x_4(i)},\cdots | i=1,2,\cdots,(N \times N)/4\}$。通过式(5.4)求取:

$$
\begin{cases}
K_{x_1(i)} = \mathrm{mod}(round((abs(x_1(i))-floor(abs(x_1(i)))) \times 10^{14} + S_{4(i-1)}), N) \\
K_{x_2(i)} = \mathrm{mod}(round((abs(x_2(i))-floor(abs(x_2(i)))) \times 10^{14} + S_{4(i-1)+1}), N) \\
K_{x_3(i)} = \mathrm{mod}(round((abs(x_3(i))-floor(abs(x_3(i)))) \times 10^{14} + S_{4(i-1)+2}), N) \\
K_{x_4(i)} = \mathrm{mod}(round((abs(x_4(i))-floor(abs(x_4(i)))) \times 10^{14} + S_{4(i-1)+3}), N)
\end{cases}
\tag{5.4}
$$

式中:S为步骤四生成的置乱图像 S_ISK 的像素序列。

步骤六:用以上混沌序列对步骤四生成的置乱序列S进行扩散处理,如异或运算,得到加密序列C,实现图像均衡化,对C序列按照从上到下,从左到右的顺序进行排列,生成加密图像C_{final}。

图像均衡化方法采用式(5.5)所示方案,得序列C,即

$$
\begin{cases}
C_{4(i-1)+1} = bitxor(S_{4(i-1)+1}, K_{x_1(i)}) \\
C_{4(i-1)+2} = bitxor(S_{4(i-1)+2}, K_{x_2(i)}) \\
C_{4(i-1)+3} = bitxor(S_{4(i-1)+3}, K_{x_3(i)}) \\
C_{4i} = bitxor(S_{4i}, K_{x_4(i)})
\end{cases}
\tag{5.5}
$$

步骤七:对步骤二产生的m位短密码 SP(SP 由用户记忆),采用传统加密方法进行加密,如 AES 加密算法。

步骤八:将步骤六与步骤七生成的加密结果合并,共同作为加密密码进行传输。

由于该加密算法为对称加密,解密过程为加密过程的逆过程。按照加密过程的反向操作即可得到解密结果。

5.2.4　实例

此处以上述加密流程,结合图 5.6 对本加密方案进行说明。

选择七位密码"custABC"作为加密对象,其中以前四位"cust"作为强密钥 SK,后三位"ABC"作为短密码 SP;将"cust"嵌入二维图像中,生成 128×128 像素的图像强密钥 ISK,如图 5.6(a)所示;按式(2.7)所示混沌映射,设定控制参数

$p = 36, q = 3$,对图像强密钥 ISK 进行图像置乱处理,得到置乱图像 S_ISK。并将置乱图像 S_ISK 按照从上到下,从左到右的顺序进行排列,得到置乱序列 S;按式(5.3)所示超混沌系统,设定初值 $P_1(0) = 0.5, P_2(0) = 0.999, \phi_1 = -20, \phi_2 = 2.5$ 及控制参数 $\omega_1 = \omega_2 = 0.5, a_1 = a_2 = 0.075$。采用 4 阶龙格-库塔法对该超混沌系统进行迭代求解,产生混沌序列 K;按照式(5.5)所示方法对图像进行均衡化处理,得到序列 C,对 C 序列按照从上到下,从左到右的顺序进行排列,生成加密图像 C_{final},如图 5.6(b)所示。使用 AES 加密方案对短密码"ABC"进行加密;将加密结果与序列 C 整合。

加密效果如图 5.6 所示,可以看出加密后视频图像置乱充分,无法反映原始图像的任何信息,加密效果良好;正确解密后的图像与原始图像完全一致。

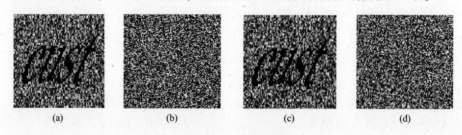

（a） （b） （c） （d）

图 5.6 加密效果图

（a）原始图像;（b）加密图像;（c）正确解密图像;（d）错误解密图像。

本节提出了一种基于量子细胞神经网络的弱密码超混沌加密方法。该密码方案将量子细胞神经网络的超混沌特性和人脑模式识别的优势相结合,将安全密码分为两个部分,其中一部分转化为图片形式,应用超混沌系统的高复杂性以及对初值和控制参数极端敏感的特征加密图像,由用户来记忆图像,方便用户使用;另一部分密钥采用传统的密码加密方案。两部分共同对数据加密形成一个安全密码,使得系统的密钥空间大,抵抗暴力攻击的能力明显增强。例如对于 105 个 SP 组合进行暴力破解需要花费相当长的时间。简单的增长 SP 空间到 106 就极大的限制了攻击者,同时仍然保持相当短的密码。该弱密码系统,使用较少的密码位数,极大的降低了加密过程中的计算量,达到了较高的安全水平,具有安全性高、用户记忆便捷的特点。

5.3 本章小结

本章首先针对传统集中式认证所存在的局限性,提出了一种适用于当前网络环境的分布式跨域认证机制。该机制对绝对可信第三方的信息封闭性进行了改进,采取了分布式的证书仲裁中心,由用户自主选择。并在该认证机制的基础上,研究设计了一种将混沌序列密码作为分组密码算法的子密钥使用的数据加密方案,将混沌系统的优良特性应用于分组密码中,进一步保证网络认证的安全性,实现了可信计算平台的跨域直接匿名认证过程。其次提出了一种基于量子细胞神经网络的弱密码超混沌加密方法。该密码方案将量子细胞神经网络的超混沌特性和人脑模式识别的优势相结合,使用较少的密码位数,极大的降低了加密过程中的计算量,达到了较高的安全水平,该方法具有安全性高、用户记忆便捷的特点。

第六章　量子细胞神经网络超混沌系统在光学图像加密中的应用

　　基于光学理论与方法的密码技术是近年来在国际上开始初步发展的新一代密码理论与技术[128]。与传统基于数学的计算机密码相比,光学密码技术具有多维、大信息量、多自由度、固有的并行数据处理能力等诸多优点。从本质上看,光学密码学属于信息光学的范畴。信息光学是光学与信息科学相结合的一门学科,采用傅里叶分析理论来解释和分析广播的传输、衍射和成像的物理现象及过程,利用光学的方法实现对输入信息的各种变换或处理[129-136]。光学加密方法就是通过一定的光学变换扰乱原始图像的波前或光强分布,实现图像数据的加密。由于光波在传输过程中,其波前分布主要是由其相位来决定,因此可以通过对物光波相位编码来达到改变其波前或光强分布的目的。光学加密方法通过相位、振幅、偏振、波长等参数来提供多种加密自由度,实现数据的多维加密。

　　当前光学信息处理研究的一个热点便是光学信息加密技术的研究[137-140]。光学信息处理是近四十多年来发展起来的一门新兴的前沿学科,而基于光学理论和方法的光学信息加密技术则是近些年逐步发展起来的新一代信息安全处理技术,它已经成为光学信息处理科学的一个重要组成部分。光学信息系统的并行能力在处理海量信息时显现出传统电子信息系统所不能比拟的优势,而且所处理的图像越复杂、信息量越大这种优势就越明显。同时,光学加密比传统电子加密具有更多的自由度,信息可以被隐藏在多个自由度空间中。

　　但是,随着研究的深入,研究人员发现目前大多数光学图像加密技术,尤其是以双随机相位编码为典型代表的光学加密技术由于存在着线性这一性质,系统的安全性存在极大的隐患。

　　混沌系统所具有的对参数和初值非常敏感的基本特性和密码学的天然关系在 Shannon1949 年出版的经典文章《Communication Theory of Secrecy Systems》中就有提到。混沌也不是独立存在的科学,它与其他各门科学互相促进、互相依靠,由此派生出许多交叉学科,如混沌气象学、混沌经济学、混沌数学等。混沌学不仅极具研究价值,而且有现实应用价值,能直接或间接创造财富。这使得混沌控制问题引起了国际上非线性动力系统和工程控制专家的极大关注,成为非线性科学研究的热点之一。

量子点和量子细胞自动机是以库伦作用传递信息的新型纳米级电子器件。与传统技术相比,量子细胞自动机具有超高集成度,超低功耗,无引线集成等优点。近年来,国内外学者以薛定谔方程为基础,运用蔡氏细胞神经网络结构,以量子细胞自动机构造了量子细胞神经网络。由于量子点之间的量子相互作用,量子细胞神经网络的可以从每个量子细胞自动机的极化率和量子相位获得复杂的非线性动力学特征,可用以构造纳米级的超混沌振荡器。

本章基于量子细胞神经网络超混沌系统光学图像加密方法,解决现有光学加密系统非线性程度不足,利用量子细胞神经网络超混沌系统对光学图像进行加密解密。由于量子细胞神经网络的超混沌特性,弥补了传统双随机相位编码光学加密技术的线性特征,具有密钥空间大,抗攻击能力强的安全特点。且由于量子点和量子细胞自动机是以库伦作用传递信息的新型纳米级电子器件,与传统技术相比,量子细胞自动机具有超高集成度,超低功耗,无引线集成等优点。

6.1　典型的光学密码编码系统

6.1.1　基于4f系统的双随机相位编码

双随机相位编码技术是由 Refregier 和 Javidi 首次提出[141]。其基本原理是:在输入平面和傅里叶频谱面上各放置一个互不相关的随机相位掩模板,从而对输入图像进行加密,在输出平面上得到加密图像,加密后的图像是统计特性随时间平移不变的广义平稳白噪声。

可以用信息光学理论将上述过程描述如下:

加密时,输入信号 $f(x,y)$ 在空域受到随机相位函数 $N(x,y) = \exp[jn(x,y)]$ 的调制,在频域被随机函数 $B(\alpha,\beta) = \exp[jb(\alpha,\beta)]$ 滤波,$N(x,y)$、$B(\alpha,\beta)$ 分别表示两个均匀分布于 $[0,2\pi]$ 的独立白噪声序列,加密结果为

$$\psi(x,y) = FT^{-1}\{FT[F(x,y) \cdot N(x,y)] \cdot B(\alpha,\beta)\} \tag{6.1}$$

式中:FT 表示傅里叶变换;FT^{-1} 表示逆傅里叶变换。

上述加密过程在频域的表示为

$$\psi(\alpha,\beta) = FT[f(x,y) \cdot N(x,y)] \cdot B(\alpha,\beta) \tag{6.2}$$

解密时,将加密后的数据 $\psi(\alpha,\beta)$ 置于 $4f$ 系统的输入端。设 $B(\alpha,\beta)^*$ 为 $B(\alpha,\beta)$ 的复共轭,经傅里叶变换后,在频谱平面上用相位函数 $B(\alpha,\beta)^*$ 作为解密密钥滤波,再经过傅里叶逆变换,即可恢复出 $f(x,y)\cdot N(x,y)$。如果 $f(x,y)$ 是正实数值函数,则经过 CCD 等强度探测器件即可恢复出明文信息 $f(x,y)$,解密过程为

$$F_D(x,y) = FT^{-1}\{\psi(\alpha,\beta),B(\alpha,\beta)^*\}$$
$$= FT^{-1}\{FT[f(x,y)N(x,y)]B(\alpha,\beta)\cdot B(\alpha,\beta)^*\} \quad (6.3)$$
$$= f(x,y)N(x,y)$$

当 $f(x,y)$ 为复函数时,还必须知道空域解密密钥,才能正确解密 $f(x,y)$。

6.1.2　基于菲涅尔变换的双随机相位编码

在 $4f$ 系统中,两块随机相位板分别位于两个特殊的平面内,因此随机相位板的纵向位置不能作为密钥。针对这一点,Situ 和 Zhang 提出在菲涅尔域进行编码的方法[142]。

菲涅尔域的双随机相位编码系统可以近似地看作是无透镜的 $4f$ 系统,利用两块统计无关的随机相位板和两次菲涅尔衍射变换,达到数据加密的目的。设两个随机相位函数为 $R_1(x,y) = \exp[jn(x,y)]$ 和 $R_2(x',y') = \exp[jb(x',y')]$,$n(x,y)$、$b(x',y')$ 分别表示两个分布于 $[0,2\pi]$ 的独立白噪声序列。加密过程具体描述为:首先将带加密的图像 $f(x,y)$ 与随机相位函数 $\exp[jn(x,y)]$ 相乘,得到 $f(x,y)\exp[jn(x,y)]$,将其作为距离为 D_1 的菲涅尔衍射,然后将得到的复振幅与随机相位函数 $\exp[jb(x',y')]$ 相乘,再作为距离为 D_2 的菲涅尔衍射,得到最后的加密结果。

设 λ 是入射波长,$f(x,y)$ 是信息平面,衍射距离为 D,对 $f(x,y)$ 作衍射距离为 D 的菲涅尔衍射,此过程可表示为

$$FST_D[f(x,y)] = \frac{\exp(j2\pi D/\lambda)}{j\lambda D} \int\limits_{-\infty}^{\infty}\int f(x,y)\exp\left[j\pi\frac{(x'-x)^2+(y'-y)^2}{\lambda D}\right]\mathrm{d}x\mathrm{d}y$$

$$(6.4)$$

设待加密图像为 $f(x,y)$,则其菲涅尔域的双随机相位编码过程可以描述为
$$\psi(x'',y'') = FST_{D2}\{SFT_{D1}[f(x,y)]\exp[jn(x,y)]\exp[jb(x',y')]\} \quad (6.5)$$
由于两次菲涅尔衍射的距离可以是任意的,根据光的菲涅尔衍射原理,衍射距离不同,所得到的衍射结果也不同,这样在该加密系统中,除了两块随机相位模板可以作为密钥以外,两次菲涅尔衍射距离也成为系统密钥。另外,由于衍射结果对照射光波长的敏感性,照射光的波长也成为了系统密钥,并且该系统不需

要透镜,既简化了系统,又增强了系统的安全性。

解密过程需要先将密文 $\psi(x'',y'')$ 进行距离为 $-D_2$ 的菲涅尔衍射,然后乘以随机相位模板的复共轭 $\exp[-jb(x',y')]$,再次进行距离为 $-D_1$ 的菲涅尔衍射,从而在输出面上得到 $f(x,y)\exp[jn(x,y)]$,解密过程用公式表示如下,即

$$FST^{-D1}\{FST^{-D2}[\psi(x'',y'')]\exp[-ib(u,v)]\}=f(x,y)\exp[in(x,y)] \quad (6.6)$$

如果 $f(x,y)$ 是正实值函数,则可以通过 CCD 探测得到 $f(x,y)$;如果 $f(x,y)$ 为复函数,则完全恢复 $f(x,y)$ 还需要用 $\exp[-jn(x,y)]$ 的复共轭来消除随机相位的影响。

6.1.3　基于分数傅里叶变换的双随机相位编码

为了获得更多的密钥,从而进一步提高系统的安全性能,Unnikrishnan 和 Singh 等根据光波前传播所遵循的二次相位变换规律,提出了一个更具有一般性的双随机相位编码的光学密码系统:分数傅里叶变换编码系统[143,144]。

设输入明文为 $f(x,y)$,两个随机相位模板分别为 $M_1=\exp[in(x,y)]$ 和 $M_2=\exp[ib(u,v)]$,其中 $n(x,y)$ 和 $b(u,v)$ 是分布在 $[0,2\pi]$ 的独立白噪声序列,x,y 表示空域坐标,u,v 表示相应的变换域坐标。加密过程分为两步:首先用随机相位函数 M_1 乘以输入明文 $f(x,y)$,进行级次为 P_1 的分数傅里叶变换;然后将变换结果乘以随机相位函数 M_2,进行级次为 P_2 的分数傅里叶变换,得到密文 $C(x',y')$。

二维分数傅里叶变换的定义如下:

$$F^P[f(x,y)]=\int_{-\infty}^{\infty}[f(x,y)B(x,y;u,v,P)]\mathrm{d}x\mathrm{d}y \quad (6.7)$$

式中:$B(x,y;u,v,P)=C_P\exp\{i\pi[(x^2+y^2+u^2+v^2)\cos\phi-2(xu+yv)\cos\phi]\}$;$P$ 是分数傅里叶变换的级次;C_P 为相位常数项;$\phi=P\pi/2$。

则加密过程用公式表示为

$$C(x',y')=F^{P2}\{F^{P1}\{f(x,y)\exp[in(x,y)]\}\exp[ib(u,v)]\} \quad (6.8)$$

从加密过程来看,除了两个随机相位模板外,分数傅里叶变换的阶数也起到了密钥的作用,增强了系统的安全性。分数傅里叶变换可以通过简单的光学系统实现[27,28],因而在光学信息处理中有广泛的应用。

解密过程中,密文 $C(x',y')$ 需要先进行级次为 $-P_2$ 的分数傅里叶变换,然后用随机相位模板 M_2 的复共轭 M_2^* 进行滤波,再次进行级次为 $-P_1$ 的分数傅里叶变换,从而在输入面上得到 $f(x,y)\exp[in(x,y)]$。解密过程用公式表示为

$$F^{-P1}\{F^{-P2}[C(x',y')]\exp[-ib(u,v)]\}=f(x,y)\exp[in(x,y)] \quad (6.9)$$

如果$f(x,y)$是正实值函数,则可以直接通过 CCD 探测得到$f(x,y)$;如果$f(x,y)$为复函数,则完全恢复$f(x,y)$还需要用M_1的复共轭M_1^*来消除随机相位的影响。

6.2 基于量子细胞神经网络超混沌系统光学图像加密方法

为了解决现有光学加密系统非线性程度不足的问题,在本节中提出了一种基于量子细胞神经网络超混沌系统光学图像加密方法。

6.2.1 加密过程

图 6.1 为基于量子细胞神经网络超混沌系统光学图像加密方法中光学图像加密流程图,该方法由以下步骤实现:

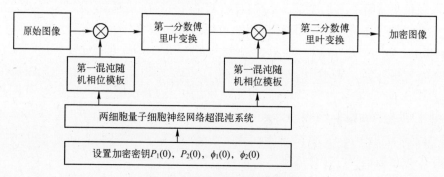

图 6.1 光学图像加密流程图

步骤一:选择$N{\times}N$的图像作为原始明文图像 PI。

步骤二:设置两细胞量子细胞神经网络超混沌系统的初始条件$P_1(0)$,$P_2(0)$,$\varphi_1(0)$,$\varphi_2(0)$作为加密密钥。

其中,使用的两细胞耦合的量子细胞神经网络的状态方程定义为

$$\begin{cases} \dot{P}_1 = -2b_1\sqrt{1-P_1^2}\sin\varphi_1 \\[2mm] \dot{\varphi}_1 = -\omega_1(P_1-P_2)+2b_1\dfrac{P_1}{\sqrt{1-P_1^2}}\cos\varphi_1 \\[2mm] \dot{P}_2 = -2b_2\sqrt{1-P_2^2}\sin\varphi_2 \\[2mm] \dot{\varphi}_2 = -\omega_2(P_2-P_1)+2b_{02}\dfrac{P_2}{\sqrt{1-P_2^2}}\cos\varphi_2 \end{cases} \qquad (6.10)$$

78

式中:$P_1,P_2,\varphi_1,\varphi_2$为状态变量;$b_1,b_2$为与每个细胞内量子点间能量成正比的系数,$\omega_1,\omega_2$为相邻细胞极化率之差的加权影响系数,相当于传统 CNN 的克隆模板。当$b_1=0.28,b_2=0.28,\omega_1=0.7,\omega_2=0.3$时系统处于超混沌态。

由加密者以加密密钥的形式设置系统初值。由于该量子细胞神经网络系统为超混沌系统,即便系统初值,即系统密钥有微小不同也将造成系统迭代结果的巨大差异,导致不能正确解密。由仿真实验证明,系统的密钥空间为10^{56}时,该加密系统拥有足够大的密钥空间以抵抗暴力攻击。

步骤三:将步骤二所述的两细胞量子细胞神经网络超混沌系统以控制参数$\omega_1,\omega_2,b_1,b_2$和初始条件$P_1(0),P_2(0),\varphi_1(0),\varphi_2(0)$迭代$\dfrac{N\times N}{2}$次,获得大小为$\left(\dfrac{N\times N}{2},4\right)$的矩阵。

步骤四:将步骤三获得的矩阵进行拆分,得到两个$\left(\dfrac{N\times N}{2},2\right)$矩阵;对所述两个$\left(\dfrac{N\times N}{2},2\right)$矩阵分别按照从上到下,从左到右的顺序进行矩阵变换,分别获得两个大小为$N\times N$的矩阵,并将两个$N\times N$矩阵分别作为第一混沌随机相位模板$CRPM_1$和第二混沌随机相位模板$CRPM_2$。

步骤五:将步骤一所述的原始明文图像 PI 乘以第一混沌随机相位模板$CRPM_1$,进行级次为 $p1$ 的分数傅里叶变换。

令原始明文图像 $PI=f(x,y)$,第一混沌随机相位模板为$CRPM_1(x,y)$,变换结果为

$$F_{p1}\{f(x,y)\exp[\mathrm{i}\pi CRPM_1(x,y)]\} \tag{6.11}$$

步骤六:将步骤五的变换结果乘以第二混沌随机相位模板$CRPM_2$,进行级次为 $p2$ 的分数傅里叶变换,获得加密图像 CI。

令加密图像 $CI=g(x,y)$,第二混沌随机相位模板为$CRPM_2(x,y)$,经过傅里叶变换的最终加密结果为

$$g(x,y)=F_{p2}\{F_{p1}\{f(x,y)\exp[\mathrm{i}\pi CRP_1(x,y)]\}\exp[\mathrm{i}\pi CRPM_2(x,y)]\}$$
$$\tag{6.12}$$

6.2.2 解密过程

图 6.2 为基于量子细胞神经网络超混沌系统光学图像加密方法中光学图像解密流程图,具体解密过程如下所述。

首先,以加密过程步骤二中的加密密钥 $P_1(0)$,$P_2(0)$,$\varphi_1(0)$,$\varphi_2(0)$作为解密密钥迭代两细胞量子细胞神经网络超混沌系统$\frac{N \times N}{2}$次,生成两个混沌随机相位模板 $CRPM_1$ 和 $CRPM_2$。

其次,将加密图像 CI 进行级次为$-p2$ 的分数傅里叶变换;并将变换结果用第二混沌随机相位模板 $CRPM_2$ 的复共轭 $CRPM_2^*$ 进行滤波,滤波结果表示为

$$F_{-p2}\{g(x,y)\exp[-i\pi CRPM_2(x,y)]\} \tag{6.13}$$

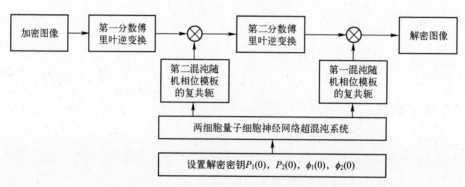

图 6.2 光学图像解密流程图

然后将滤波结果进行一次级次为$-p1$ 的分数傅里叶变换;如果进行一次级次为$-p1$ 的分数傅里叶变换结果为正实数,则可以直接通过 CCD 探测得到解密图像。

如果结果为复数,则采用第一混沌随机相位模板 $CRPM_1$ 的复共轭 $CRPM_1^*$ 进行滤波,获得最终解密结果。

6.2.3　具体实例

选择 256×256 的"Cameraman"图像,图 6.3(a)作为原始明文图像 PI。对加密解密过程进行具体说明:

加密密钥分别设置为 $P_1(0)=0.55$,$P_2(0)=-0.1$,$\varphi_1(0)=-0.4$,$\varphi_2(0)=0.5$。

迭代两细胞量子细胞神经网络超混沌系统$\frac{256 \times 256}{2}$次,得到大小为 32768×4 的矩阵。

将得到的矩阵进行拆分,得到两个大小为 32768×2 的矩阵。

将两个矩阵分别按照从上到下,从左到右的顺序进行矩阵变换,得到两个大

小为 256×256 的矩阵,分别作为第一和第二混沌随机相位模板 $CRPM_1$ 和 $CRPM_2$。

将原始图像乘以第一混沌随机相位模板 $CRPM_1$,进行级次为 $p1$ 的分数傅里叶变换。

将以上的变换结果乘以第二随机相位模板 $CRPM_2$,进行级次为 $p2$ 的分数傅里叶变换,得到加密图像 CI,如图 6.3(b)所示。

该方法解密过程由以下步骤实现:

以解密密钥 $P_1(0)$,$P_2(0)$,$\varphi_1(0)$,$\varphi_2(0)$ 和控制参数 ω_1,ω_2,b_1,b_2 迭代两细胞量子细胞神经网络超混沌系统 32768 次,生成两个混沌随机相位模板。

图 6.3　基于量子细胞神经网络超混沌系统光学图像加密方法中光学图像加密效果图
(a)原始图像;(b)加密图像;(c)解密图像;(d)错误解密图像。

将加密图像 CI 进行级次为 $-p2$ 的分数傅里叶变换。

将变换结果用第二混沌随机相位模板 $CRPM_2$ 的复共轭 $CRPM_2^*$ 进行滤波。

对以上结果进行一次级次为 $-p1$ 的分数傅里叶变换。

如果得到的结果为正实数,则可以直接通过 CCD 探测得到解密图像;如果得到的结果为复数,则完全解密还需要用第一混沌随机相位模板 $CRPM_1$ 的复共轭 $CRPM_1^*$ 进行滤波,来消除随机相位的影响。

6.3　本 章 小 结

本章提出了基于量子细胞神经网络超混沌系统光学图像加密方法。由于量子细胞神经网络的超混沌特性,弥补了传统双随机相位编码光学加密技术的线性特征,具有密钥空间大,抗攻击能力强的安全特点。且由于量子点和量子细胞自动机是以库伦作用传递信息的新型纳米级电子器件,与传统技术相比,量子细胞自动机具有超高集成度,超低功耗,无引线集成等优点。

参 考 文 献

[1] Lorenz, N. Deterministic Nonperiodic Flow. J. Atmos. Sci. Journal of the Atmospheric Sciences, 1962. 20: 130-141.

[2] 秦金旗. 混沌控制与同步的方法研究. 湖南大学博士学位论文. 2003:12-17.

[3] 关新平,范正平,陈彩莲,华长春. 混沌控制及其在保密通信中的应用. 北京:国防工业出版社, 2002:5-20.

[4] 王兴元. 混沌系统的同步及在保密通信中的应用. 北京:科学出版社,2012:8-12.

[5] Subhash Kak. On quantum neural computing. Information Sciences, 1995. 83(3-4):143-160.

[6] Rigatos G. G. , Tzafestas S. G. Quantum learning for neural associative memories. Fuzzy Sets and Systems. 2006,157(13):1797-1813.

[7] Han KH,Kim JH. Analysis of quantum-inspired evolutionary algorithm. International Conference on Artificial Intelligence. 2001:727-730.

[8] Li PC,Xiao H,Shang FH,etc. A hybrid quantum-inspired neural networks with sequence inputs. NEUROCOMPUTING. DOI:10. 1016/j. neucom. 2013. 01. 029. 2013. 117:81-90.

[9] Narayanan, A. Moore, M. Quantum-inspired genetic algorithms. Evolutionary Computation, Proceedings of IEEE International Conference on:1996:61-66.

[10] Menneer T,Narayanan A. Quantum Artificial Neural Networks vs. Classical Artificial Neural Networks: Experiments in Simulation. Proceedings of the Joint Conference on Information Sciences. 2000,5(1):757-759.

[11] E. C. Behrman. Simulations of quantum neural networks. Information sciences. 2000,128(3):257-269.

[12] Dan Ventura,Tony Martinez. Quantum associative memory. Information Sciences. 2000,124(1-4):273-296.

[13] Li Weigang. A Study of Parallel Self-Organizing Map. eprint arXiv:quant-ph/9808025.

[14] Li Weigang. A study of parallel neural networks. IEEE Xplore. Neural Networks,1999. IJCNN' 99. International Joint Conference on. vol. 2. 1113-1116.

[15] C S Lent,P D Tougaw,W Porod and G H Bernstein. Quantum cellular automata. 1993 Nanotechnology 4 49. doi:10. 1088/0957-4484/4/1/004.

[16] 蔡理,马西奎,王森. 量子细胞神经网络的超混沌特性研究. 物理学报. 2003. 52(12):3002-3006.

[17] Toth G,Lent CS,Tougaw PD. Quantum cellular neural networks. Superlattices and microstructures. 1996. 20(4):473-478.

[18] Tougaw PD,Len CS. Dynamic behavior of quantum cellular automata. JOURNAL OF APPLIED PHYSICS. 1996. 80(8):4722-4736.

[19] Porod W. Quantum-dot devices and quantum-dot cellular automata. INTERNATIONAL JOURNAL OF

BIFURCATION AND CHAOS. 1997. 7(10):2199-2218.

[20] Qiao B, Ruda HE, Evolution of a two-dimensional quantum cellular neural network driven by an external field. JOURNAL OF APPLIED PHYSICS. 1999. 85(5):2952-2961.

[21] Porod W, Lent CS, Bernstein GH. Quantum-dot cellular automata: computing with coupled quantum dots. INTERNATIONAL JOURNAL OF ELECTRONICS. 1999. 86(5):549-590.

[22] Fortuna L, Porto D. Chaotic phenomena in quantum cellular neural networks. 7th IEEE International Workshop on Cellular Neural Networks and Their Applications. 2002:369-376.

[23] Fortuna L, Porto D. Quantum-CNN to generate nanoscale chaotic oscillators. INTERNATIONAL JOURNAL OF BIFURCATION AND CHAOS. 2004. 14(3):1085-1089.

[24] Wang Sen, Cai Li, Li Qin. Chaotic phenomena in Josephson circuits coupled quantum cellular neural networks. CHINESE PHYSICS. 2007. 16(9):2631-2634.

[25] Wang Sen, Cai Li, Kang Qiang. The Lyapunov exponents and Poincare maps of nonlinear chaotic characteristic in three-cell coupled quantum cellular neural networks. 3rd IEEE International Conference of Nano/Micro Engineered and Molecular Systems. 2008. 1-3:174-177.

[26] Wang Sen, Cai Li, Kang Qiang. Secure Communication Based on Tracking Control of Quantum Cellular Neural Network. 7th World Congress on Intelligent Control and Automation. 2008. 1-23:8059-8063.

[27] Wang Sen, Kang Qiang, Cai Li. Synchronization with Diverse Structure of the Josephson-Circuits-Coupled Cellular Neural Network. 7th World Congress on Intelligent Control and Automation. 2008. 1-23:8853-8857.

[28] Wang Sen, Cai Li, Kang Qiang. The characteristics of nonlinear chaotic dynamics in quantum cellular neural networks. CHINESE PHYSICS B. 2008. 17(8):2837-2843.

[29] Sudheer K Sebastian, Sabir M. Adaptive function projective synchronization of two-cell Quantum-CNN chaotic oscillators with uncertain parameters. PHYSICS LETTERS A. 2009. 373(21):1847-1851.

[30] Yang Wei, Sun Jitao. Function projective synchronization of two-cell quantum-CNN chaotic oscillators by nonlinear adaptive controller. PHYSICS LETTERS A. 2010. 374(4):557-561.

[31] Yang Xiao-Kuo, Cai Li, Zhao Xiao-Hui. Function projective synchronization of quantum cellular neural network and Lorenz hyperchaotic system with uncertain parameters. ACTA PHYSICA SINICA. 2010. 59(6):3740-3746.

[32] Yang, Cheng-Hsiung; Ge, Zheng-Ming; Chang, Ching-Ming; Chaos synchronization and chaos control of quantum-CNN chaotic system by variable structure control and impulse control. 2010. 11(3):1977-1985.

[33] Ge, ZhengMing, Li, Shih-Yu. Fuzzy Modeling and Synchronization of Chaotic Quantum Cellular Neural Networks Nano System via a Novel Fuzzy Model and Its Implementation on Electronic Circuits. JOURNAL OF COMPUTATIONAL AND THEORETICAL NANOSCIENCE. 2010. 7(11):2453-2462.

[34] Yang, Cheng-Hsiung. The Chaos Generalized Synchronization of a Quantum-CNN Chaotic Oscillator with a Double Duffing Chaotic System by GYC Partial Region Stability Theory. Journal of computational and theoretical nanoscience. 2011. 8(11):2255-2265.

[35] Fridrich J. Image encryption based on chaotic maps. Systems, Man, and Cybernetics, 1997. Computational Cybernetics and Simulation. , 1997 IEEE International Conference on (Volume:2):1105-1110.

[36] Faridnia Sa'ed, Fae'z Karim. Image Encryption through Using Chaotic Function and Graph. International

Conference on Computer Vision and Graphics. 2010. 6374:352-359.

[37] Ahmad Musheer,Farooq Omar. A Multi-Level Blocks Scrambling Based Chaotic Image Ciphe. 3rd International Conference on Contemporary Computing. 2010. 94:171-182.

[38] Singh Narendra,Sinha Aloka. Optical image encryption using improper Hartley transforms and chaos. OPTIK. 2010. 121(10):918-925.

[39] Singh Narendra,Sinha Aloka. Digital image watermarking using gyrator transform and chaotic maps. OPTIK. 2010. 121(15):1427-1437.

[40] Kumar Anil,Ghose M K. Extended substitution-diffusion based image cipher using chaotic standard map. COMMUNICATIONS IN NONLINEAR SCIENCE AND NUMERICAL SIMULATION. 2011. 16(1): 372-382.

[41] Ahmad Musheer,Farooq Omar. Secure Satellite Images Transmission Scheme Based on Chaos and Discrete Wavelet Transform. International Conference on High-Performance Architecture and Grid Computing (HPAGC 2011). 169:257-264.

[42] Zhu Congxu. A novel image encryption scheme based on improved hyperchaotic sequences. OPTICS COMMUNICATIONS. 2012. 285(1):29-37.

[43] Mirzaei Omid,Yaghoobi Mahdi,Irani Hassan. A new image encryption method:parallel sub-image encryption with hyper chaos. NONLINEAR DYNAMICS. 2012. 67(1):557-566.

[44] Yuen Ching-Hung,Kwok-Wo Wong. Chaos-based encryption for fractal image coding. CHINESE PHYSICS B. 2012. 21(1):010502.

[45] Abdullah Abdul Hanan,Enayatifar Rasul,Lee Malrey. A hybrid genetic algorithm and chaotic function model for image encryption. AEU-INTERNATIONAL JOURNAL OF ELECTRONICS AND COMMUNICATIONS. 2012. 66(10):806-816.

[46] Seyedzadeh Seyed Mohammad,Mirzakuchaki Sattar. A fast color image encryption algorithm based on coupled two-dimensional piecewise chaotic map. SIGNAL PROCESSING. 2012. 92(5):1202-1215.

[47] Wang Zhen,Huang Xia,Li Ning. Image encryption based on a delayed fractional-order chaotic logistic system. CHINESE PHYSICS B. 2012. 21(5):050506.

[48] Zhang Yushu,Xiao Di. Double optical image encryption using discrete Chirikov standard map and chaos-based fractional random transform. OPTICS AND LASERS IN ENGINEERING. 2013. 51(4):472-480.

[49] Tong Xiao-Jun. Design of an image encryption scheme based on a multiple chaotic map. COMMUNICATIONS IN NONLINEAR SCIENCE AND NUMERICAL SIMULATION. 2013. 18(7):1725-1733.

[50] Enayatifar Rasul,Abdullah Abdul Hanan,Lee Malrey. A weighted discrete imperialist competitive algorithm (WDICA) combined with chaotic map for image encryption. OPTICS AND LASERS IN ENGINEERING. 2013. 51(9):1066-1077.

[51] Shannon,C. E,Communication theory of secrecy systems. Bell System Technology Journal. 1949,28:656-715.

[52] Liu Z,Xu L,Liu T,Chen T,Li P,Lin C,Liu S. Color image encryption by using Arnold transform and color-blend operation in discrete cosine transform domains,Opt. Commun. ,2011,284(1),123-128.

[53] Liu Z,Dai J,Sun X,Liu S. Color image encryption by using the rotation of color vector in Hartley transform domains,Opt. Lasers Eng. ,2010,48,800-805.

[54] Liu Z,Chen H,Liu T,Xu L,Dai J,Liu S. Image encryption by using gyrator transform and Arnold trans-

form, J. Electronic Imaging. 2011,20,013020.

[55] Liu Z,Gong M,Dou Y,Liu F,Lin S,Ahmad MA,Dai J,Liu S. Double image encryption by using Arnold transform and discrete fractional angular transform,Opt. Lasers Eng. 2012,50,248-255.

[56] Sunitha R,Kumar R. Sreerama,Mathew Abraham T. Online Static Security Assessment Module Using Artificial Neural Networks. IEEE TRANSACTIONS ON POWER SYSTEMS. 2013. 28(4):4328-4335.

[57] Liang,Ying;Wang,Hui-Qiang;Lai,Ji-Bao. Quantification of network security situational awareness based on evolutionary neural network. 6th International Conference on Machine Learning and Cybernetics. 2007. 1-7;3267-3272.

[58] Nian Liu,Geng Li,Yong Liu. A Method Of Network Security Situation Prediction Based on Gray Neural Network Model. International Conference on Mechanical Engineering,Industry and Manufacturing Engineering. 2011. 63-64;936-939.

[59] Adebiyi Adetunji,Arreymbi Johnnes,Imafidon Chris. Matching Attack Patterns to Security Patterns Using Neural Networks. 11th European Conference on Information Warfare and Security (ECIW). 2012;9-17.

[60] Huang Y,Yang X S. Hyperchaos and bifurcation in a new class of four-dimensional Hopfield neural networks. Neurocomputing,2006,69,1787-1795.

[61] Bigdeli N. A robust hybrid method for image encryption based on Hopfield neural network. Computers and Electrical Engineering,2012,38,356-369.

[62] Li Q D. HYPERCHAOS IN A SIMPLE CNN. International Journal of Bifurcation an Chaos,2006. Vol. 16, No. 8,2453-2457.

[63] Peng J. A Digital Image Encryption Algorithm Based on Hyper-chaotic Cellular Neural Network. Fundamenta Informaticae,2009. 90,269-282. DOI 10. 3233/FI-2009-0018.

[64] Gao T G. A novel image authentication scheme based on hyper-chaotic cell neural network. Chaos,Solitons and Fractals,2009. 42,548-553.

[65] Ren X X. and LIAO,X. F. ,XIONG,Y. H. ,Hyperchaotic Behavior Based on Cellular Neural Networks with Image Encryption New Algorithm. Computer Applications. Vol. 31 No. 6 June 2011. DOI:10.3724 / SP. J. 1087. 01528.

[66] Li L Z. A public key watermarking based on hyper-chaotic cellular neural network. Proceedings of the 2010 International Conference on Wavelet Analysis and Pattern Recognition,2010. Qingdao,11-14 July.

[67] 柏逢明. 电光混合系统超混沌控制、同步与应用研究. 长春理工大学博士学位论文,2003;89-93.

[68] Wang X Y,Xu B,Zhang H G. ,A multiary number communication system based on hyperchaotic system of 6th - order cellular neural network. Communications in Nonlinear Science and Numerical Simulation, 2010,15(2):124-133.

[69] 郝柏林. 从抛物线谈起——混沌动力学引论. 上海:上海科技教育出版社,1993.

[70] Szu H,Hsu M K,Baier P,Lee T N, Buss J R,et al. Authenticity and Privacy of a Team of mini-UAVs by Means of Nonlinear Recursive Shuffling. Proc. SPIE 6247,Independent Component Analyses,Wavelets, Unsupervised Smart Sensors,and Neural Networks IV,62470T,2006,doi:10. 1117/12. 670659.

[71] Lian S. A block cipher based on chaotic neural networks. Neurocomputing 2009;72:1296-301.

[72] Zeghid M. Machhout,M Khriji,L Baganne A,et al. A modified AES based algorithm for image encryption. World Acad Sci Eng Technol;2007,27:206-11.

[73] Cao G H,Hu K,Tong W. Image scrambling based on Logistic uniform distribution. Acta Phys. Sin. 2011,

60(11)110508.

[74] Rhouma R, Meherzi S, Belghith S. OCML−based color image encryption. doi: 10. 1016/j. chaos. 2007. 07. 083.

[75] Hongjun L, Xingyuan W. Color image encryption based on one−time keys and robust chaotic maps. Comp Math Appl 2010. 59:3320−7.

[76] XiaoSong Yang, Yan Huang. Chaos and ransient chaos in simple Hopfield neural networks. Neurocomputing, 2005, 69:232−241.

[77] Amlani I, Orlovl A, Toth G, et al. Digital Logic Gate Using Quantum−Dot Cellular Automata. Science, 1999, 284(5412) 289−291.

[78] Luigi F. Quantum−cnn to Generate Nanoscale Chaotic Oscillators. International Journal of Bifurcation and Chaos, 2004, 14(3) :1085−1089.

[79] Pecora L. M, Carroll T. L, Synchronization in Chaotic Systems. Physical Review Letters. 1990, 64(8) 821−824.

[80] Shahverdiev E. M, Sivaprakasam S, Shore K. A. Lag Synchronization in Time−delayed Systems. Physics Letters A. 2002, 292(6) 320−324.

[81] Pisarchik A. N, Rider Jaimes−Reategui Intermittent Lag Synchronization in a Nonautonomous System of Coupled Oscillators. Physics Letters A. 2005, 338(2) 141−149.

[82] Hramova A. E, Koronovskiia A A, Time Scale Synchronization of Chaotic Oscillators. Physica D: Nonlinear Phenomena. 2005, 206(3−4) 252−264.

[83] Ge Z M, Yang C H, Pragmatical Generalized Synchronization of Chaotic Systems With Uncertain Parameters by Adaptive Control. Physica D: Nonlinear Phenomena. 2007, 231(2) 87−94.

[84] Taghvafard H, Erjaee G. H, Phase and Anti−phase Synchronization of Fractional Order Chaotic Systems Via Active Control. Communications in Nonlinear Science and Numerical Simulation. 2011, 16(10) 4079−4088.

[85] Farivar F, Shoorehdeli M. A, et. al. Generalized Projective Synchronization of Uncertain Chaotic Systems With External Disturbance. Expert Systems with Applications. 2011, 38(5) ,4714−4726.

[86] Yu J, Hu C, et. al. Exponential Lag Synchronization for Delayed Fuzzy Cellular Neural Networks Via Periodically Intermittent Control. Mathematics and Computers in Simulation. 2012, 82(5) 895−908.

[87] Li G H, Modified Projective Synchronization of Chaotic System. Chaos, Solitons & Fractals. 2007, 32(5) 1786−1790.

[88] Sudheer K. S, Sabir M. Modified Function Projective Synchronization of Hyperchaotic Systems Through Open−Plus−Closed−Loop Coupling. Phys. Lett. A. 2010. 374. 2017−2023.

[89] Li Z B, Zhao X S. Generalized Function Projective Synchronization of Two Different Hyperchaotic Systems With Unknown Parameters. Nonlinear Analysis: Real World Applications. 2011, 12(5) 2607−2615.

[90] Sudheer K. S, Sabir M. Adaptive Modified Function Projective Synchronization of Multiple Time−Delayed Chaotic Rossler System. Phys. Lett. A. 2011, 375(8). 1176−1178.

[91] Wang X Y, Xu B, Zhang H G. A Multi−Ary Number Communication System Based On Hyperchaotic System Of 6th−order Cellular Neural Network. Communications in Nonlinear Science and Numerical Simulation. 2010, 15(1) 124−133.

[92] Dang P. P, Chau P. M. Image encryption for secure Internet multimedia applications, Consumer Electronics,

IEEE Transactions on 2002;46(3):395-403.

[93] Rastislav L, Konstantinos N. P. Bit-level based secret sharing for image encryption. Pattern Recognition 2005;38(5):767-772.

[94] Liu Z. J, Liu S. T. Double image encryption based on iterative fractional Fourier transform. Optics Communications 2007. 275(2):324-329.

[95] KokSheik W, Tanaka, K. Scalable image scrambling method using unified constructive permutation function on diagonal blocks. Picture Coding Symposium 2010:138-141.

[96] Matthews Robert. On the derivation of a "chaotic" encryption algorithm. Cryptologia 1989; 13 (1): 29-42.

[97] Zhang D. H, Zhang F. D. Chaotic encryption and decryption of JPEG image. Optik - International Journal for Light and Electron Optics 2014;125(2):717-720.

[98] Lima J. B, Lima E. A. O, Madeiro F. Image encryption based on the finite field cosine transform. Signal Processing:Image Communication 2013;28(10):1537-1547.

[99] Behnia S, Akhavan A, Akhshani A, Samsudin A. Image encryption based on the Jacobian elliptic maps. Journal of Systems and Software 2013;86(9):2429-2438.

[100] Ghebleh M, Kanso A, Houra H. An image encryption scheme based on irregularly decimated chaotic maps. Signal Processing:Image Communication 2013;4.

[101] Bakhshandeh A, Eslami Z. An authenticated image encryption scheme based on chaotic maps and memory cellular automata. Optics and Lasers in Engineering 2013;15(6):665-673.

[102] Tong X. J. Design of an image encryption scheme based on a multiple chaotic map. Communications in Nonlinear Science and Numerical Simulation 2013;18(7):1725-1733.

[103] Francois M, Grosges T, Barchiesi D, Erra R, A new image encryption scheme based on a chaotic function. Signal Processing:Image Communication 2012;27(3):249-259.

[104] Pareek K. N, Patidar V, Sud K. K, Diffusion-substitution based gray image encryption scheme. Digital Signal Processing 2013;23(3):894-901.

[105] Liu H. J, Wang X. Y. Triple-image encryption scheme based on one-time key stream generated by chaos and plain images. Journal of Systems and Software 2013;86(3):826-834.

[106] Jin J, An image encryption based on elementary cellular automata. Optics and Lasers in Engineering 2012;50(12):1836-1843.

[107] Zhang X. J, Wang X. Y. Chaos-based partial encryption of SPIHT coded color images. Signal Processing 2013;93(9):2422-2431.

[108] Kanso A, Ghebleh M, A novel image encryption algorithm based on a 3D chaotic map. Communications in Nonlinear Science and Numerical Simulation 2012;17(7):2943-2959.

[109] Han F. Y, Zhu C. X. An Novel Chaotic Image Encryption Algorithm based on Tangent-Delay Ellipse Reflecting Cavity Map System. Procedia Engineering 2011;23:186-191.

[110] Song C. Y, Qiao Y. L, Zhang X. Z. An image encryption scheme based on new spatiotemporal chaos. Optik-International Journal for Light and Electron Optics 2013;124(18):3329-3334.

[111] Rhouma R, Belghith S. Cryptanalysis of a new image encryption algorithm based on hyper-chaos. Physics Letters A 2008;372(38):5973-5978.

[112] Rhouma R, Meherzi S, Belghith S. OCML-based color image encryption. Chaos, Solitons & Fractals

2007;40(1):309-318.

[113]　Liu H. J, Wang X. Y. Color image encryption based on one-time keys and robust chaotic maps. Computers & Mathematics with Applications 2010. 59(10):3320-3327.

[114]　Li J. Q, Bai F. M, Di X. Q. New color image encryption algorithm based on compound chaos mapping and hyperchaotic cellular neural network. Journal of Electronic Imaging 2013. 22(1):013036.

[115]　Tong X. J. Design of an image encryption scheme based on a multiple chaotic map. Commun Nonlinear Sci Numer Simulat 2013;18:1725-1733.

[116]　Zhang Y. S, Xiao D. An image encryption scheme based on rotation matrix bit-level permutation and block diffusion. Commun Nonlinear Sci Numer Simulat 2014;19(1):74-82.

[117]　Wang X. Y, Luan D. P. A novel image encryption algorithm using chaos and reversible cellular automata. Commun Nonlinear Sci Numer Simulat 2013;18(11):3075-3085.

[118]　Abd El-Latif A. A, Li L, Wang N, Han Q, Niu X. M. A new approach to chaotic image encryption based on quantum chaotic system, exploiting color spaces. Signal Processing 2013;99(11):2986-3000.

[119]　Cheng C. J, Cheng C. B. An asymmetric image cryptosystem based on the adaptive synchronization of an uncertain unified chaotic system and a cellular neural network. Commun Nonlinear Sci Numer Simulat 2013;18(10):2825-2837.

[120]　Chuang, Ming-Chin; Chen, Meng Chang. An anonymous multi-server authenticated key agreement scheme based on trust computing using smart cards and biometrics. Expert Systems With Applications. 2014. 41(4):1411-1418.

[121]　Zhang Huanguo, Mu Yi. Trusted Computing And Information Security. China Communications. 2013. 10 (11):IX-X.

[122]　周彦伟,吴振强,蒋李. 计算机应用,2010,30(8):2120-2124.

[123]　QINGDU LI. HYPERCHAOS IN A SIMPLE CNN. International Journal of Bifurcation and Chaos. 2006, 16(8):2453-2457.

[124]　宣蕾,闫纪宁. 基于混沌的"一组一密"分组密码. 通信学报,2009,30(11A):105-110.

[125]　Jie Zhang, Xin Luo, Somasheker Akkaladevi, et al. Improving multiple-password recall: an empirical study. European Journal of Information Systems2009,18(No):165-176.

[126]　Adams A, Sasse M A. Users are not the enemy. Communications of the ACM 1999,42(12):41-46.

[127]　Hoonakker Peter, Bornoe Nis, Carayon Pascale. Password Authentication from a Human Factors Perspective: Results of a Survey Among End-Users. Human Factors and Ergonomics Society Annual Meeting Proceedings2009. 53(6):459-463.

[128]　彭翔,位恒政,张鹏. 光学信息安全导论. 北京:科学出版社,2008.

[129]　朱勇,王江平,卢麟. 光通信原理与技术. 北京:科学出版社,2011.

[130]　Nishchal NK, Joseph J, Singh K. Fully phase-encrypted memory using cascaded extended fractional fourier transform. Optics and Lasers in Engineering. 2004,42(2):141-51.

[131]　Lohmann AW. Image rotation, Wigner totation, and the fractional Fourier transform. J Opt Soc Am A. 1993,10(10):2181-6.

[132]　Yu F. Optical Information Processing. NY:Willey,1983:32-55.

[133]　陈家璧,苏显渝,光学信息技术原理及应用. 北京:高等教育出版社,2002.

[134]　苏显渝. 信息光学原理. 北京:电子工业出版社,2010:4-12.

[135] Joseph W. Goodman. 傅里叶光学导论. 北京:电子工业出版社,2011.

[136] 宋菲君,Jutamulia S. 近代光学信息处理. 北京:北京大学出版社. 2001.

[137] Narendra Singh, Aloka Sinha. Optical image encryption using fractional Fourier transforma and chaos. Optics and Lasers in Engineering. 2008,46:117-123.

[138] Narendra Singh,Aloka Sinha. Gryator transform-based optical image encryption,using chaos. Optics and Lasers in Engineering. 2009,47:539-546.

[139] Narendra Singh, Aloka Sinha. Optical image encryption using improper Hartley transforms and chaos. OPTIK. 2010,121:918-925.

[140] Lianshen Sui,Bo Gao. Color image encryption based on gyrator transform and Arnold transform. Optics& Laser Technology. 2013,48:530-538.

[141] Refregier P,Javidi B. Optical image encryption based on input and Fourier plane random encoding. Optics Letters,1995,20(7):767-769.

[142] Situ G,Zhang J. Double random-phase encoding in the Fresnel domain. Optics Letters,2004,29(14): 1584-1586.

[143] Unnikrishnan G,Singh K. double random fractional Fourier-domain encoding for optical security. Optical Engineering,2000,39(11):2853-2859.

[144] Unnikrishnan G, Joseph J, Singh K. Optical encryption by double - random phase encoding in the fractional Fourier domain. Optics Letters,2000,25(12):887-889.